Electric Guitar Circuit
電吉他電路

Shiang-Hwua Yu

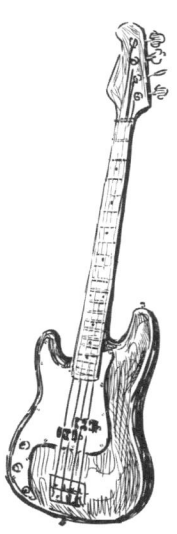

National Sun Yat-Sen University

國家圖書館出版品預行編目資料

電吉他電路 / Shiang-Hwua Yu 著 . -- 1 版 . --
　臺北市 : 臺灣東華，2020.01
　　144 面 ; 19x26 公分　　含索引

　　ISBN 978-957-483-991-9（平裝）

　1. 電吉他　2. 工藝設計

471.8　　　　　　　　　　　　　108022804

電吉他電路

著　　者	Shiang-Hwua Yu
發 行 人	陳錦煌
出 版 者	臺灣東華書局股份有限公司
地　　址	臺北市重慶南路一段一四七號三樓
電　　話	(02) 2311-4027
傳　　眞	(02) 2311-6615
劃撥帳號	00064813
網　　址	www.tunghua.com.tw
讀者服務	service@tunghua.com.tw
門　　市	臺北市重慶南路一段一四七號一樓
電　　話	(02) 2371-9320
出版日期	2020 年 7 月 1 版 2 刷

ISBN　　978-957-483-991-9

版權所有　·　翻印必究

0 序

> 有一天我到朋友家,他剛買了一把電吉他,附上小小的擴大機。我將音量轉到10後,撥了弦。啊,我戀愛了。
>
> Ace Frehley (1951—),美國重金屬搖滾樂手,從小自學電吉他,吉他世界雜誌(Guitar World)評定為史上第14大金屬搖滾吉他手。

> 我錄製的歌曲中總喜歡出其不意放入一小段美麗的吉他或其他樂器獨奏,雖然不是每次都很成功,但總希望將整首歌曲短暫的帶入另一個情境,幾秒鐘的幸福或憂傷也就夠了。電吉他是個很棒的樂器,很適合做出這樣的橋段,它多變的聲音總能帶來驚奇。
>
> Dean Wareham (1963—),美國樂團主唱及吉他手,哈佛大學畢業,所創作的歌曲有一種自在而沉穩的氣質。

這本書是為了喜愛音樂及電路的同學而寫,介紹電吉他原理與電路設計。內容涵蓋電吉他拾音器、音量與音質控制器、效果器、擴大機及喇叭五部分。每章節皆以相關技術發明的歷史小故事作為開頭,接著以簡單方式解釋原理,緊接詳細的數學分析,最後為實作電路,希望能引發讀者對電吉他或音頻電路設計的興趣與更深入的研究。

余祥華
中山大學電機系
shaun@mail.ee.nsysu.edu.tw

致謝

沒有許多人的參與，這本書難以完成。

> 立翔、新荃製做相位移效果器。
> 靖玄、盛宥完成破音放大器。
> 富元做巴森道爾音質控制電路
> 晉維、宇修做等化器。
> 尚桓完成真空管放大器。
> 士文、翊方、柏融、冠宇、理維完成 D 類功率放大器。

另外還要感謝

> 祥芝、信宗幫忙繪圖。
> 亦涵、珮妤、尚桓幫忙校稿。
> 我的吉他老師蔣立偉示範電吉他音效並傳授音樂相關知識。

所有修過音頻電路設計的同學，課堂與實驗所提出的問題與回饋孕育了此書。

To

Elaine, Sophie, Ciao,

and my parents,

for so many nights and weekends of working on this book that could otherwise have been spent with them.

目錄

第一章　電吉他概述　　　　　　　　　　　　　　　1
　1.1　電吉他構造與系統　　　　　　　　　　　　　1
　1.2　電吉他音階與頻率　　　　　　　　　　　　　4
　1.3　樂器與音階中的數學　　　　　　　　　　　　7

第二章　電磁拾音器　　　　　　　　　　　　　　13
　2.1　電磁拾音器原理　　　　　　　　　　　　　13
　2.2　雙線圈拾音器　　　　　　　　　　　　　　17
　2.3　拾音器線圈等效電路　　　　　　　　　　　19

第三章　電吉他上的控制電路　　　　　　　　　　23
　3.1　音量控制　　　　　　　　　　　　　　　　23
　3.2　音質控制　　　　　　　　　　　　　　　　25
　3.3　拾音器切換開關　　　　　　　　　　　　　29

第四章　音質控制及等化器　　　　　　　　　　　35
　4.1　巴森道爾衰減型音質控制電路　　　　　　　35
　4.2　巴森道爾增益型音質控制電路　　　　　　　41
　4.3　等化器　　　　　　　　　　　　　　　　　42

第五章　哇哇效果器　　　　　　　　　　　　　　51
　5.1　哇哇效果器原理　　　　　　　　　　　　　51
　5.2　**LCR** 哇哇器　　　　　　　　　　　　　　52
　5.3　**IGMF** 哇哇器　　　　　　　　　　　　　53

第六章 相位移效果器   **57**

   6.1 相位移效果器原理   57
   6.2 全通相位移電路   58
   6.3 壓控電阻   61
   6.4 弛緩振盪器   62

第七章 破音效果器   **67**

   7.1 破音失真   67
   7.2 截波電路   69
   7.3 含帶通濾波、音質與音量控制的截波電路   73

第八章 真空管放大器   **77**

   8.1 真空管原理   77
   8.2 A 類三極管電壓放大器   80
   8.3 五極管功率放大器   87
   8.4 整體放大器與電源電路設計   92

第九章 D 類功率放大器   **97**

   9.1 D 類功率放大器的特性   97
   9.2 迴授調變技術   98
   9.3 功率電晶體的切換控制   102
   9.4 輸出濾波器與阻抗補償電路   104

第十章 喇叭   **109**

   10.1 喇叭單體動作原理   109
   10.2 喇叭阻抗   111
   10.3 音箱   113
   10.4 喇叭規格   114

附錄 **117**

    A MATLAB 程式   117

    B 麥克風   119

    C 電容的選擇   122

    D 轉移函數與頻率響應   124

索引 **127**

目錄

1
電吉他概述

西元1536年，中國明朝鄭恭王府誕生了一個小王子，為明太祖朱元璋的九世孫，取名朱載堉。出生不久的小王子似乎就特別喜愛音樂，每當啼哭不止，聽到父親鄭恭王吹奏簫樂便停止哭鬧。朱載堉自幼受到外舅祖何瑭與父親的薰陶，對天文、算術、詩歌、音樂都有涉略。但小王子似乎注定有個不平凡的一生，因為皇室鬥爭鄭恭王被羅織罪名除爵拘禁，15歲的朱載堉被迫離開王宮過著清苦的生活，因此全心治學研究音律，十年後(西元1560年)完成【瑟譜】一書。儘管之後父親被平反恢復爵位，也不改其志，在父親的指導下更專注於音樂理論的創作，合撰多首古樂譜。父親過世後，本應繼承王位的朱載堉堅拒爵位，繼續過著研究著書的生活，相繼完成三十多部著作，內容涵蓋音律、樂器製造、舞譜、曆法、數學、文學與繪畫，特別是在萬曆十二年(西元1584年)所發明的十二平均律，經傳教士傳到歐洲，引起西方音樂領域的注意，逐漸變成了今日樂器音階製定的標準。十九世紀有名德國物理學家亥姆霍茲(Hermann Helmholtz)所著的書《論音感與樂理》[1]特別推崇朱載堉所提出的七聲音階與將八度音分成十二個半音的理論精妙。對中國科學史研究很深的英國皇家院士李約瑟(Joseph Needham)評論朱載堉：個人成就了東方文藝復興(a man of the Renaissance)。很諷刺的，儘管朱載堉的十二平均律的高度實用性，在中國卻遲遲未見重視，最終還是靠西方世界將其發揚光大。

1.1 電吉他構造與系統

還沒談到電吉他如何利用十二平均律產生音階前，我們先來看看電吉他的構造。電吉他與木吉他構造很相似，如圖 1.1，外觀大致可分琴頭、琴頸、琴身三部分，六條粗細不同的弦固定於琴頭與位於琴身的琴橋，琴頭的弦鈕可以調整弦的張力來調整音高，琴橋可能設有搖座與搖桿，可在演奏時搖動搖桿使琴橋產生些許位移，即時的改變弦張力來改變音高，產生顫音等音效。琴頸上有一條條銅條，稱琴格或琴衍(Fret)，將弦按壓固定在不同琴格，可改變振動的弦長而產生不同音高。在琴橋與琴頸間裝有拾音器(Pickup)，負責感測弦的振動並轉換成電的信號。一般拾音器不只一個，靠著琴身的拾音器切換開關，來選擇不同的拾音器，不同位置的拾音器所感測振動量不同，可產生不同音色。琴身內部還有音量與音質控制電路，藉由旋鈕來控制音量及音色。在琴身接近底部處有音訊輸出孔，藉由音源線，可輸出音訊到踏板效果器

---

[1] H. Helmholtz, *On the sensation of tone as a physiological basis for the theory of music*, p. 258, Translated by A. J. Ellis, Longmans, 3rd edition, Green and Co., London, 1895 (reprinted Dover, NY, 1954).

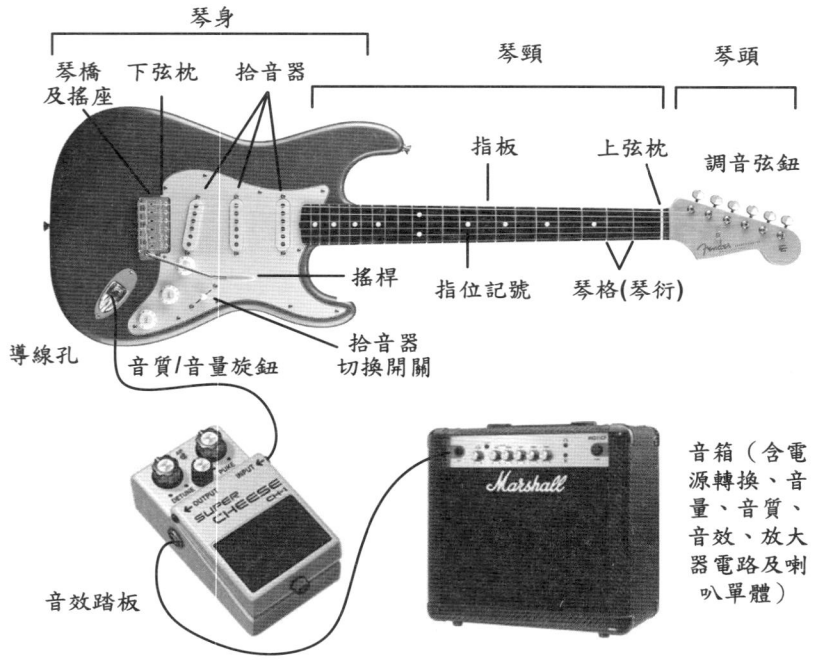

圖 1.1　電吉他系統

或是音箱喇叭。踏板效果器是為了表演者設計，方便在演奏時用腳踏來切換或控制音效電路，產生例如回音殘響、變頻、破音、波浪音、哇哇音、延續音等效果。一般而言一個踏板只處理一種音效，若需多種音效則需多個踏板藉由音源線串聯起來。喇叭音箱除了喇叭單體外也可能含有音效、音質與音量控制電路及功率擴大機，喇叭將電能轉換成聲能，產生我們最後聽到的聲音。

　　圖 1.2 顯示電吉他的電子電路系統，箭頭顯示信號的流向。電磁拾音器含有磁鐵與線圈，與發電機原理相同，可以將機械能轉換成電能。手彈鋼弦產生振盪，高導磁率鋼弦的振動擾動了磁鐵周邊磁場，變動磁場使線圈產生感應電壓，此電壓信號反映出弦的振動。電吉他上簡易的音質與音量控制電路可改變拾音器感應電壓的頻率成分與大小。電吉他透過音源線，將音源信號傳送到音效踏板，不同的效果器會對音源信號做不同的處理，之後再將信號傳送到喇叭音箱。電吉他的喇叭一般含有功率擴大機及基本的音效、音質及音量控制電路。擴大機主要做功率放大，提供足夠的能量給喇叭，將電能轉換成聲能，我們就可聽到撥弦的聲音。踏板效果器的電源可由電池或電源供應器提供；而音箱內擴大機的電源則由音箱內的電源轉換器提供，電源轉換器將市電 110V 交流電轉換成所需的直流電源。後續章節將詳細介紹每個方塊所代表的電子電路及動作原理。

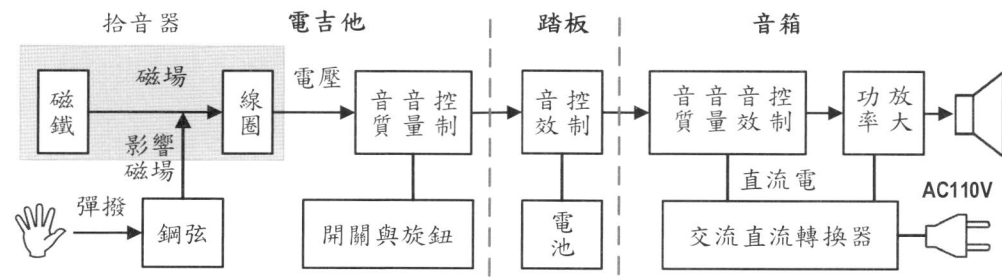

圖 1.2　電吉他電子電路系統方塊圖

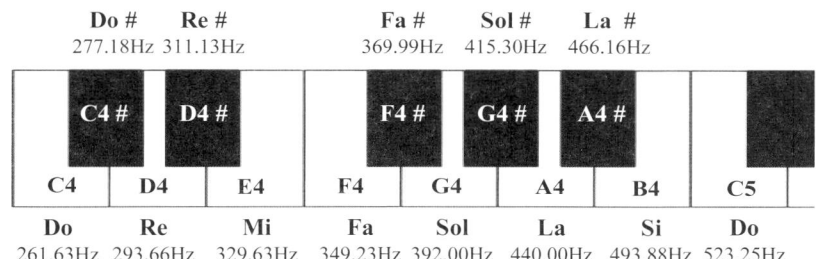

圖 1.3　鋼琴部分鍵盤與所對應的頻率：中央 Do 的絕對音名為 C4，唱名為 Do，頻率為 261.63Hz。符號#代表升高半音，每升高半音，頻率增高 $2^{1/12}=1.059463$ 倍。

　　與木吉他相比，電吉他的實心琴身沒有響孔共鳴箱的設計。彈木吉他時，我們可以感受到琴身響孔的共鳴與振動，琴身共鳴箱的設計直接影響了音色。但電吉他無共鳴箱的設計，若不接效果器與擴大機與喇叭，直接用耳機聽電吉他的音訊輸出信號，會發現聲音微弱且很難聽，跟印象中電吉他的聲音不同。這是因為除了音訊放大的功能外，

效果器、擴大機及喇叭如同電吉他本身一樣，同為樂器的一部分，共同決定音色。

　　所謂『音色』，是把聲音比喻成顏色的說法，不同頻率的聲音對應不同的顏色，電子電路與喇叭參與聲音的渲染與調色，產生我們熟悉的電吉他的聲音。若缺乏這些電子與機械裝置的『音染』，電吉他的聲音將是無趣、單調而缺乏個性。因此，電吉他的電子電路設計含有某種程度的藝術性在其中，這也是音響玩家或工程師能夠樂此不疲的原因。

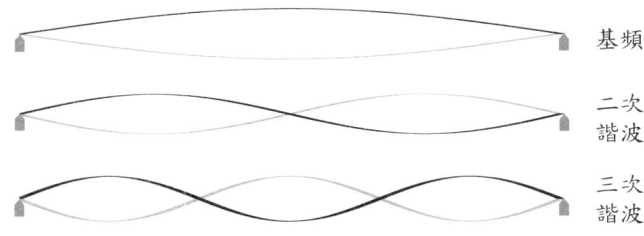

圖 1.4 弦的駐波振盪

1.2 電吉他音階與頻率

學習電吉他電子電路,首先對電吉他的音階與頻率有所了解,才能設計合適頻寬的電路。電吉他一般有六條弦,不同粗細的弦有不同音高,細弦音高較高。另外手按不同琴格可以改變有效振動的弦長,撥動琴弦可產生不同頻率的振動,不同頻率對應不同音階。電吉他的音階如同大部分現代樂器,是以十二平均律(Twelve-Tone Equal Temperament)來制定,音階以八度音為一組:Do、Re、Mi、Fa、So、La、Si、Do 即包含完整八度音,每高八度音為二倍頻,也就是說,高八度 Do 的頻率為原本 Do 的頻率二倍。如圖 1.3 的鋼琴琴鍵所示,每個八度音以等比級數分成 12 個半音,等比為 $2^{1/12}$=1.059463,也就是說,每升高半音頻率提升 $2^{1/12}$ 倍。十二平均律最早為中國明朝音樂家朱載堉在西元 1584 年所提出,之後經傳教士與西方學者傳到歐洲,引起西方音樂領域的注意,而成為現代音階製定的標準。

將弦按壓固定在不同的琴格,將改變弦的有效振動長度(琴格銅條到琴橋的下弦枕距離),表 1.1 列出電吉他的六條弦,對應不同琴格所產生聲音的絕對音名及基頻頻率。琴格的位置決定了相對音準。吉他製作時需準確的定位琴格位置,吉他的音階設計是,每往下移動一個琴格,提升一個半音,頻率提升 $2^{1/12}$=1.059463 倍。因為弦的振動長度與頻率成反比,所以我們只要知道空弦的總長,就可訂出每個琴格所對應的有效振動弦長。假設空弦弦長為 L,按住第 n 格時頻率應該為空弦頻率的 $2^{n/12}$ 倍,所以等效弦長應該為

$$\text{第 } n \text{ 個琴格到下弦枕的距離} = L/2^{\frac{n}{12}} \tag{1.1}$$

每個琴格定位後,只要將吉他的六條空弦的音準調校正確,每個琴格所對應的音就正確了。吉他的音域比鋼琴還窄,以音樂史來看,吉他主要是為人聲伴奏的樂器,因此吉他音域約與人聲音域重疊。一般男低音音域起點 E2 (82.4Hz),女高音的音域終點為 C6 (1046.5Hz),由表 1.1 可見吉他的確涵蓋主要人聲音域。古典吉他的琴格一般為 19 格,而電吉他常見的琴格數為 20、21 或 22 格。近來也常見 24 格的電吉他,24 為 12 的兩倍,因此每條弦可發出完整的兩個八度音域。以 24 格電吉他而言

電吉他涵蓋人聲的四個八度音域,最低音為 E2 (82.4Hz),最高音為 E6 (1318.5Hz)。

表 1.1 電吉他音階及頻率表

琴格	第六弦	第五弦	第四弦	第三弦	第二弦	第一弦
空弦	E2 82.41 Hz	A2 110.00 Hz	D3 146.83 Hz	G3 196.00 Hz	B3 246.94 Hz	E4 329.63 Hz
1	F2 87.31 Hz	A2# 116.54 Hz	D3# 155.56 Hz	G3# 207.65 Hz	C4 261.63 Hz	F4 349.23 Hz
2	F2# 92.50 Hz	B2 123.47 Hz	E3 164.81 Hz	A3 220.00 Hz	C4# 277.18 Hz	F4# 369.99 Hz
3	G2 98.00 Hz	C3 130.81 Hz	F3 174.61 Hz	A3# 233.08 Hz	D4 293.66 Hz	G4 392.00 Hz
4	G2# 103.83 Hz	C3# 138.59 Hz	F3# 185.00 Hz	B3 246.94 Hz	D4# 311.13 Hz	G4# 415.30 Hz
5	A2 110.00 Hz	D3 146.83 Hz	G3 196.00 Hz	C4 261.63 Hz	E4 329.63 Hz	A4 440.00 Hz
6	A2# 116.54 Hz	D3# 155.56 Hz	G3# 207.65 Hz	C4# 277.18 Hz	F4 349.23 Hz	A4# 466.16 Hz
7	B2 123.47 Hz	E3 164.81 Hz	A3 220.00 Hz	D4 293.66 Hz	F4# 369.99 Hz	B4 493.88 Hz
8	C3 130.81 Hz	F3 174.61 Hz	A3# 233.08 Hz	D4# 311.13 Hz	G4 392.00 Hz	C5 523.25 Hz
9	C3# 138.59 Hz	F3# 185.00 Hz	B3 246.94 Hz	E4 329.63 Hz	G4# 415.30 Hz	C5# 554.37 Hz
10	D3 146.83 Hz	G3 196.00 Hz	C4 261.63 Hz	F4 349.23 Hz	A4 440.00 Hz	D5 587.33 Hz
11	D3# 155.56 Hz	G3# 207.65 Hz	C4# 277.18 Hz	F4# 369.99 Hz	A4# 466.16 Hz	D5# 622.25 Hz
12	E3 164.81 Hz	A3 220.00 Hz	D4 293.66 Hz	G4 392.00 Hz	B4 493.88 Hz	E5 659.26 Hz
13	F3 174.61 Hz	A3# 233.08 Hz	D4# 311.13 Hz	G4# 415.30 Hz	C5 523.25 Hz	F5 698.46 Hz
14	F3# 185.00 Hz	B3 246.94 Hz	E4 329.63 Hz	A4 440.00 Hz	C5# 554.37 Hz	F5# 739.99 Hz
15	G3 196.00 Hz	C4 261.63 Hz	F4 349.23 Hz	A4# 466.16 Hz	D5 587.33 Hz	G5 783.99 Hz
16	G3# 207.65 Hz	C4# 277.18 Hz	F4# 369.99 Hz	B4 493.88 Hz	D5# 622.25 Hz	G5# 830.61 Hz
17	A3 220.00 Hz	D4 293.66 Hz	G4 392.00 Hz	C5 523.25 Hz	E5 659.26 Hz	A5 880.00 Hz
18	A3# 233.08 Hz	D4# 311.13 Hz	G4# 415.30 Hz	C5# 554.37 Hz	F5 698.46 Hz	A5# 932.33 Hz
19	B3 246.94 Hz	E4 329.63 Hz	A4 440.00 Hz	D5 587.33 Hz	F5# 739.99 Hz	B5 987.77 Hz
20	C4 261.63 Hz	F4 349.23 Hz	A4# 466.16 Hz	D5# 622.25 Hz	G5 783.99 Hz	C6 1046.50 Hz
21	C4# 277.18 Hz	F4# 369.99 Hz	B4 493.88 Hz	E5 659.26 Hz	G5# 830.61 Hz	C6# 1108.73 Hz
22	D4 293.66 Hz	G4 392.00 Hz	C5 523.25 Hz	F5 698.46 Hz	A5 880.00 Hz	D6 1174.66 Hz
23	D4# 311.13 Hz	G4# 415.30 Hz	C5# 554.37 Hz	F5# 739.99 Hz	A5# 932.33 Hz	D6# 1244.51 Hz
24	E4 329.63 Hz	A4 440.00 Hz	D5 587.33 Hz	G5 783.99 Hz	B5 987.77 Hz	E6 1318.51 Hz

【註】一般而言男低音聲頻起點為 E2，而女高音的聲頻終點為 C6。

注意其實每個樂器所發出的單音絕對都不是單一頻率的弦波，如果是這樣，每個樂器將聽起來都一樣。圖 1.3 與表 1.1 所列的音頻為基頻(Fundamental)，吉他、鋼琴或其他樂器所發出的每個單音都含有基頻與其整數倍頻的不同弦波組合，這些除了基頻之外的整數倍頻音稱為諧波(Harmonics)或泛音(Overtones)，決定了音色，使不同樂器所發出的相同音，有不同的感覺。以弦的振動為例，在兩端點固定之下，可有多種駐波(Standing wave)振動模式，如圖 1.4 所示，波長為弦長的兩倍的振動稱為基頻，其他諧波的頻率則為基頻的整數倍。 這些基頻的整數倍頻之所以叫做諧波， 是因為這些倍頻音與基頻音聽起來非常和諧。真實的弦振動波形是包含了基頻與不同成分比例的諧波。事實上，若單音無任何諧波，聽起來有如電腦發出的單頻音，一點都不好聽。每種樂器都有自己獨特的諧波或泛音組成，使發出的聲音更悅耳且有不同的特色，電吉他與木吉他所發出的聲音也明顯不一樣。除了吉他本身與演奏者的撥弦技巧可產生不同的音色外，電吉他有趣的一點是音效電路、擴大機與喇叭都同時參與了音色的改變，這使得學習電吉他電子電路充滿了無窮的趣味。

除了彈奏單音外，和弦(Chord)是每個學音樂的人必定接觸的，數個音的組合產生悅耳而豐富的聲音。如果我們觀察常見和弦的組成音頻率，可以發現

如同諧波一般，樂音組成頻率接近簡單整數比是我們感到和諧與悅耳的關鍵。

以 F 和弦的三個組成音的頻率關係來舉例，同時彈奏 Fa、La、Do 三個音，分析不同排列組合的頻率倍數關係，可以發現頻率都非常接近整數比。

```
F    和弦    F(349.23) : A(440.00) : C(523.25) = 4 : 5.0397 : 5.9932
F/C  和弦    C(261.63) : F(349.23) : A(440.00) = 3 : 4.0045 : 5.0453
F/A  和弦    A(220.00) : C(261.63) : F(349.23) = 5 : 5.9461 : 7.9370
```

雖以 F 和弦舉例，但只要是大三和弦(Major Triads)，例如 C 和弦(Do、Mi、So，)組成音頻率皆有相同的比例關係。與整個人耳可聽到的音頻範圍 20Hz 到 20kHz 比較起來，電吉他的基頻音域較窄，約從 80Hz 到 1.3kHz。但除了基頻外，設計電吉他電路尚需考慮諧波，諧波可使聲音更豐富悅耳，並充滿個性。但考慮過高頻率諧波與高頻雜訊會有負面影響，因此一般設定

電吉他的電子電路的所需的頻寬約為 6kHz 左右。

【例 1.1】在製琴實務上，利用如(1.1)式的弦振動長度，來定位琴格位置並不方便。比較好的方式是直接計算上弦枕至第 n 個琴格銅條的距離 d_n，上弦枕與琴格同在琴頸指板上，可以很方便的測量與標示琴格銅條的位置。假設空弦弦長為 L，由(1.1)式可推導

$$d_n = (1 - 1/2^{\frac{n}{12}})L \tag{1.2}$$

舉例來說，Fender Stratocaster 電吉他的空弦弦長為 25.5 英吋(647.7 公厘)，則第一與第二琴格銅條至上弦枕的距離分別為

$$d_1 = (1-2^{-1/12})647.7 = 36.35 \text{ 公厘}$$
$$d_2 = (1-2^{-2/12})647.7 = 70.66 \text{ 公厘}$$

以此類推。你可以量測手邊吉他的空弦長度，驗證每個琴格銅條至上琴枕的距離。

□

1.3 樂器與音階中的數學

試想在音樂理論尚未建立前，若要製作或發明樂器，首先要面對的問題是，所製作的樂器要發出哪些頻率的音呢？要回答這個問題，我們就必須進一步探討為何明朝音樂家朱載堉或現代樂會以十二平均律來產生音階，為何要以等比例頻率的方式將 2 倍頻分成 12 個半音。這是個非常有趣而帶點神祕色彩的問題，相信大部分的人皆有相同的疑惑，為何要以 2 倍頻為基礎？為何是 12 平均律而不取其他數目？這些問題將帶我們重新思考樂器製作的基本目標：

樂器必須以少數的音，產生多樣的悅耳和弦。

約二千五百年前古希臘的數學家畢達哥拉斯(Pythagoras)鑽研數學及哲學，我們所熟知的直角三角形的畢氏定理，就是以他命名。畢達哥拉斯成立學校教導學生，畢氏學派的格言是：所有一切皆為數字(All is number)。認為上帝創造了整數，並以數學法則建造宇宙，因此崇拜並研究整數與整數比例（分數）。傳說畢達哥拉斯有天經過打鐵店，受到和諧悅耳的打鐵聲吸引，進入店鋪一探究竟，發現是兩個重量比為 1:2 的鐵鎚敲擊鐵砧所發出的聲音，其中重量僅為一半的小鎚音高為大鎚的兩倍（頻率比約 2:1）。進一步從不同弦長的振動的實驗發現，長度比為 2:1 及 3:2 及 4:3 的兩個弦同時振動所發出的聲音都很悅耳，頻率比分別約 1:2(八度音程)與 2:3(五度音程)與 3:4(四度音程)，因此推論整數比例是悅耳的關鍵，並確信大自然的和諧來自整數。受到畢達哥拉斯的啟發，圖 1.5 顯示若以整數比 16：12：9：8：6：4 來設計鎚、鐘、杯、笛等古樂器，這些簡單樂器發出任意兩個音皆很悅耳和諧，這是音階制定與樂器發明的雛形。

奇妙的，不分種族老少，人腦似乎可以很容易的分辨出聲音中的頻率比例關係，頻率若是簡單的整數比則和諧悅耳，頻率比越簡單(數字越小)，兩個聲音就越和諧。非整數關係則感到衝突吵雜。從科學分析看來

兩個聲音的諧波頻率重疊性越高，聽起來越和諧。

圖 1.5 受到畢達哥拉斯的啟發，整數比 16:12:9:8:6:4 出現在不同的古樂器設計，依序相當於今日音階唱名：高八度 Do、So、Re、Do、低八度 So、低八度 Do。此圖取至文藝復興時期義大利音樂研究學者 Franchinus Gaffurius 在 1492 年的著作《音樂理論》（Theorica Musicae）中的插圖。

先不管人腦是如何運作的，若要滿足悅耳的需求設計，樂器必須以最少的音階發出多組整數比例頻率的和聲。明朝王子朱載堉了解此原理後，首先以古音律的方法，以最簡單頻率整數比 2:1(八度)與 3:2(五度)產生最和諧聲音來構建所需要的樂器音階，最後發展出十二平均律的音階制定。回顧其方法，首先以基準頻率 1 為中心，加入頻率比 2:1 的所有音頻，則可形成以下等比頻率

$$\ldots, \frac{1}{4}, \frac{1}{2}, 1, 2, 4, \ldots$$

若希望添加頻率比為 3:2 的頻率（五度），我們可加入基準頻率 1 的 3/2 倍頻及其等比為 2 的相關頻率：

$$\ldots, \frac{3}{8}, \frac{3}{4}, \frac{3}{2}, 3, 6, \ldots$$

若只顯示 1 到 2 以內的頻率,則目前我們有了頻率1 及 3/2。再以相同的方法擴張,加入 3/2 的 3/2 倍頻,3/2 的 3/2 倍為 $3^2/2^2$,不在 1 至 2 區間,但它的 1/2 倍頻為 $3^2/2^3$,則會落在我們關注的區間

$$\left\{1, \frac{3}{2}, \frac{3^2}{2^3}\right\}$$

再增加 $3^2/2^3$ 的 3/2 倍頻,則在 1 至 2 區間,又多了 $3^3/2^4$。以此類推,我們可以得到

$$\left\{1, \frac{3}{2}, \frac{3^2}{2^3}, \frac{3^3}{2^4}, \frac{3^4}{2^6}\right\}$$

以上計算稱為五度相生律,所產生的五個頻率由低到高排序,依序為中國古代的宮、商、角、徵、羽五聲音階(Pentatonic Scale)[2],對應今日音階唱名為 Do、Re、Mi、So、La。

$$\left\{1, \quad \frac{3^2}{2^3}, \quad \frac{3^4}{2^6}, \quad \frac{3}{2}, \quad \frac{3^3}{2^4}\right\}$$

1,   1.124,   1.266,   1.5,   1.6875
Do   Re   Mi   So   La
宮   商   角(ㄐㄩㄝˊ) 徵(ㄓˇ)   羽

五聲音階非常和諧,吉他即興演奏或獨奏常會大量運用五聲音階串連成和諧的樂句。五聲音階亦為近代藍調音樂的組成音。朱載堉以相同的方法繼續添加 3/2 倍頻及其 1/2 倍頻相關頻率,得到

$$\left\{1, \frac{3}{2}, \frac{3^2}{2^3}, \frac{3^3}{2^4}, \frac{3^4}{2^6}, \frac{3^5}{2^7}, \frac{3^6}{2^9}, \frac{3^7}{2^{11}}, \frac{3^8}{2^{12}}, \frac{3^9}{2^{14}}, \frac{3^{10}}{2^{15}}, \frac{3^{11}}{2^{17}}\right\}$$

若以相同的方法再增加頻率,會得到 $3^{12}/2^{18} = 2.0273$ 非常接近 2,它的 1/2 倍頻則非常接近 1。因此沒有必要再增加頻率,更多的頻率會使樂器製造複雜或演奏難度高。所以我們直接補上頻率 2,將以上集合的數字依大小排列,並加上現代的音名得到

---

[2]《史記》卷二十五律書第三所描述的產生五聲音階的竹管長度計算方法等同以上五度相生律計算方法。

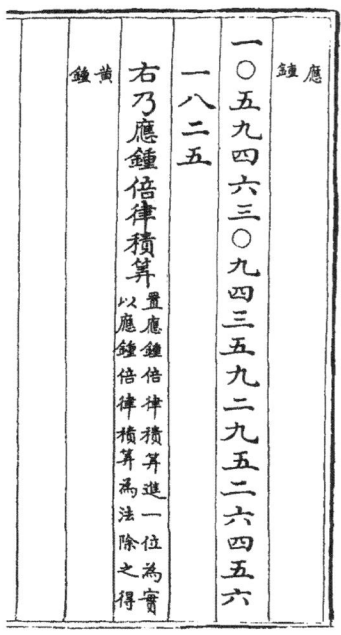

圖 1.6 朱載堉所著的《樂律全書》中所計算的 $2^{1/12} = 1.059463094359295264561825$。

五度相生律：

$\{$ 1, 1.068, 1.125, 1.201, 1.266, 1.352, 1.424, 1.500, 1.602, 1.688, 1.802, 1.898, 2 $\}$
 C C$^{\#}$ D D$^{\#}$ E F F$^{\#}$ G G$^{\#}$ A A$^{\#}$ B C
 宮   商   角   徵   羽

此種依照頻率比 3:2 的五度音程關係產生音階的方法稱為五度相生律，觀察以上數列，約略為等比級數，總共將 1 到 2 的區間以約略等比的方式分成十二等份，但每個相鄰兩頻率的比例有些許不同。不等比例間隔會造成一些問題，例如改變演奏歌曲的音調，將會衍生不同頻率差異的音階，造成轉調的困難。

　　朱載堉為了解決轉調的問題[3]，強制所有相鄰兩頻率的比例皆相同。統一訂定公比為 $2^{1/12}$，並以自製大算盤精準的算出小數點後二十四位精準數字(很難相信可以用算盤作這麼困難的計算，甚至到這麼精準到地步)，以此公比重新建造頻率數列 1, $2^{1/12}, 2^{2/12}, \cdots, 2$，對應今日音名可得

---

[3]轉調古時候稱旋宮，使宮音在十二律上移動。

表 1.2 平均律下的兩音之間音程與頻率比例關係，越小數目的簡單整數比聽起來越和諧。

音程	一度	八度	五度	四度	大六度	大三度	小三度	小六度	大二度
頻率比（理想）	1:1 (1:1)	1:2 (1:2)	2:2.997 (2:3)	3:4.005 (3:4)	3:5.045 (3:5)	4:5.04 (4:5)	5:5.946 (5:6)	5:7.937 (5:8)	8:8.979 (8:9)

越和諧 ←──────────────────────

十二平均律：

$\{$ 1, 1.060, 1.123, 1.189, 1.260, 1.335, 1.414, 1.498, 1.587, 1.682, 1.782, 1.888, 2 $\}$

C　C#　D　D#　E　F　F#　G　G#　A　A#　B　C

所建構的音階頻率，就是我們現代音樂所用的十二平均律。現代樂器通常會以 A 為 440 赫茲(Hz)為基準，將其他音作相對比例的調音。十二平均律所得數列與五度相生律的數列誤差不大。十二平均律的優點是音階原理簡單與調音容易，可產生多種頻率整數比的和聲，更重要的是轉調容易；缺點是和弦並不是絕對的整數比例，有些許的誤差(見表 1.2 或見 1.2 節 F 和弦的頻率比例分析)，或許和聲無法絕對的完美。

2

電磁拾音器

1920年代的美國掀起爵士樂的風潮，並逐漸形成名為搖擺樂的新文化音樂，搭配舞蹈伴奏管弦樂團歌頌自由和歡笑。20歲出頭的吉他與小提琴手喬治·布夏(George Beauchamp)也受到這股風潮的影響，在演奏時一直思考著如何將弦樂器的音量提高，不被其他銅管樂器的音量所掩蓋。布夏請洛杉磯住家附近的小提琴修理師父多皮拉(John Dopyera)將類似留聲機的聚音喇叭接到吉他作擴音，但不是很成功。之後多皮拉嘗試將三個帶有圓錐的鋁製小圓盤連接吉他琴橋並藏在金屬琴身內作共鳴，結果這種共鳴片效果意外的好，在1927年布夏興奮尋找資金與多皮拉合開了一家公司製造這種共鳴吉他，但不幸的一年後因為理念不合而拆夥。在這期間布夏持續的思考電吉他的可能性，並去夜校學習電子電路，拆夥後更積極的實驗尋找新的吉他擴音方法。在1930年布夏利用磁鐵與線圈設計出電磁拾音器，並做出史上第一把電吉他，他開始申請專利並找開設工具及模具廠的朋友里肯巴克(Adolf Rickenbacker)開設新公司來生產電吉他及電子放大器，後來改名為里肯巴克公司。但在1931年成立新公司並不是個好主意，世界經濟大蕭條，很少人有多餘的錢來買樂器，更何況音樂家根本對電吉他不熟悉，1932年一整年公司僅賣出13把電吉他。經過多年的努力，還是沒有大起色，在1940年布夏失望將公司股票賣掉，隔年因心臟病去世。雖然來不及看到電吉他在流行音樂所帶來的風潮，布夏已在電吉他追隨者心中灑下了種子：二十幾歲的樂手萊斯·保羅(Les Paul)開始對里肯巴克電吉他產生極大的興趣；而三十出頭的電子工程師李奧·芬達(Leo Fender)則在所開的無線電修理鋪修理著里肯巴克電吉他放大器。這兩個年輕人之後將各自設計出大受歡迎的經典電吉他。

2.1 電磁拾音器原理

電磁拾音器，利用法拉第的電磁感應原理(Electromagnetic Induction)所設計的弦振動換能器(Transducer)，由磁鐵纏繞線圈所組成。此類拾音器需搭配鎳弦、鋼弦或鍍鎳鋼弦等高導磁率材料所作的琴弦，無法使用民謠吉他常用的銅弦或古典吉他的尼龍弦或羊腸弦。當手撥動鋼弦，鋼弦振動改變磁鐵的磁力線分佈，變動磁場使線圈產生感應電壓。圖 2.1 為美國樂手喬治·布夏(George Beauchamp)在 1934 年所申請的世界第一個電吉他與拾音器設計專利。

磁鐵可磁化鋼弦，當弦振動時，會使磁力線隨之動作。撥彈鋼弦，可發現弦振動同時包含縱向與橫向振動，圖 2.2 顯示對應的磁力線變化。對縱向振動而言，當鋼弦靠近磁鐵時，使磁鐵的磁力線收縮，線圈內通過磁力線總數變多；反之，當鋼弦遠離磁鐵時，使磁力線擴張，線圈內磁力線總數變少。對橫向振動而言，當鋼弦在磁鐵中間位置，線圈內通過磁力線總數多；當鋼弦橫向偏離磁鐵，會帶動磁力線偏移，使線圈內通過磁力線總數變少。

14　電磁拾音器

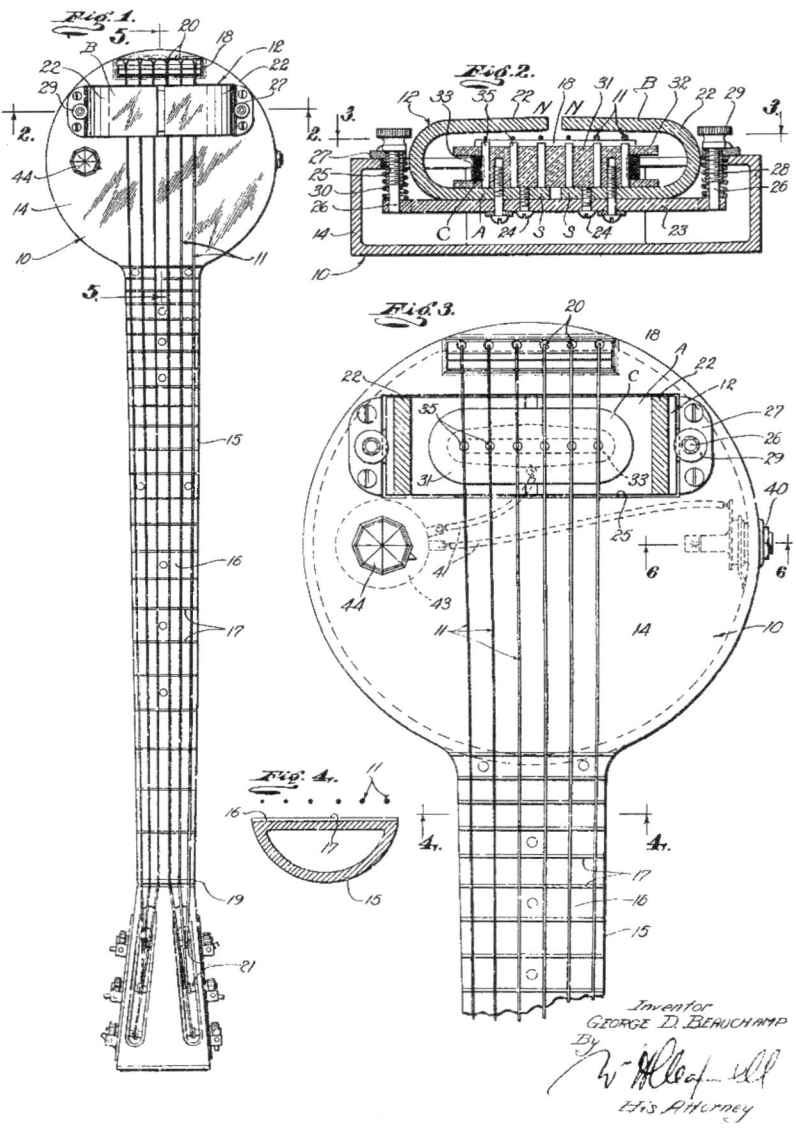

圖 2.1　喬治·布夏在 1934 年申請的電吉他專利，電磁拾音器包含六個永久磁鐵(標號 35)及線圈(標號 33)，並將拾音器裝在西班牙及夏威夷兩種吉他。圖中電吉他屬於夏威夷式膝上鋼棒(Lap Steel)吉他因為金屬外身且形似長柄鍋具，當時被大家戲稱為平底鍋(Frying Pan)，彈奏時橫放在膝上用鋼棒在弦上滑動來取代左手按弦，可產生獨特優美的滑音。

電吉他電路　　　　15

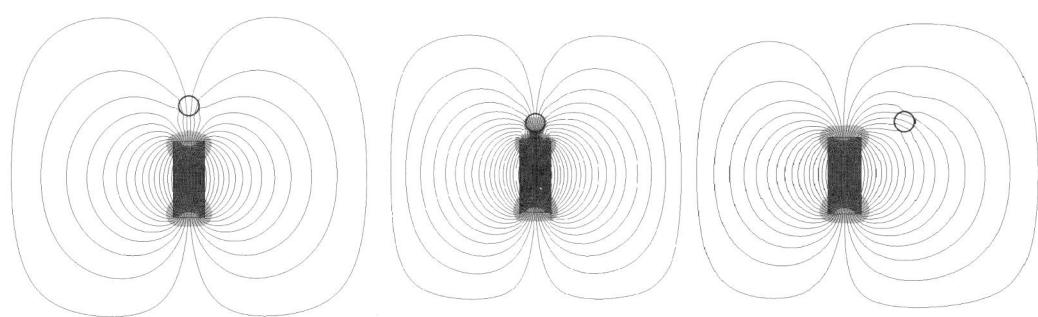

圖 2.2　不同位置的鋼弦有不同的磁力線分布：(a)鋼弦遠離磁鐵，磁鐵周圍的磁力線分布較疏鬆；(b)鋼弦接近磁鐵，鋼弦吸引磁力線，聚集磁力線於磁鐵周圍；(c)鋼弦橫向遠離磁鐵，牽引部分磁力線遠離磁鐵周圍。

　　由法拉第電磁感應定理(Faraday's Law)可知變動磁場可產生感應電壓。假設通過線圈的磁力線數稱磁通量 Φ，則感應電壓 e 的大小正比於線圈圈數 N 及線圈中磁通量 Φ 隨時間的變化率

$$e = N\frac{d\Phi}{dt} \tag{2.1}$$

　　很有趣的，由圖 2.2 的分析，弦的縱向與橫向振動所產生的拾音器感應電壓有明顯不一樣的地方。鋼弦縱向振動一個週期，可產生同樣為一週期變化的感應電壓；但若弦橫向振動一週期，卻可產生兩週期的感應電壓波型。會有這樣的差別，是因為當弦作橫向振動時，不管左位移或是右位移同樣使線圈內的磁力線數目變少，結構對稱使得左右位移所產生的感應電壓差不多，因而產生兩週期的感應電壓。對感應電壓的波型大小及頻率成分作詳細分析，可得以下結論[1]：1)拾音器對縱向振動較敏感，相同的振動量，縱向振動的感應電壓往往是橫向振動的 5 至 8 倍；2)縱向振動所產生的感應電壓正負半週波型不對稱，而橫向振動所產生的感應電壓正負半週波型波型對稱；3) 縱向振動所產生的感應電壓含有奇次與偶次諧波，橫向振動所產生的感應電壓則多為偶次諧波。

　　法拉第電磁感應定理無法判斷感應電壓極性方向。若要判斷感應電壓極性方向須用冷次定律(Lenz's Law)：線圈的感應電壓極性方向，乃欲使其所產生電流能產生對抗線圈內磁通量變化的磁場。以圖 2.3 為例，線圈內磁力線方向朝下(由 N 極到 S 極)，當鋼弦向磁鐵方向運動，造成磁力線收縮，線圈內磁力線數目隨時間增加，磁通密度 B 逐漸變大。根據右手定則，線圈有如化身為電池，正極須產生逆時鐘方向感應電流來產生向上磁場，來抵銷向下逐漸增強的磁場。

---

[1] N. G. Horton and T. R. Moore, "Modeling the magnetic pickup of an electric guitar," *American Journal of Physics*, pp. 144-150, vol. 77, no. 2, February 2009.

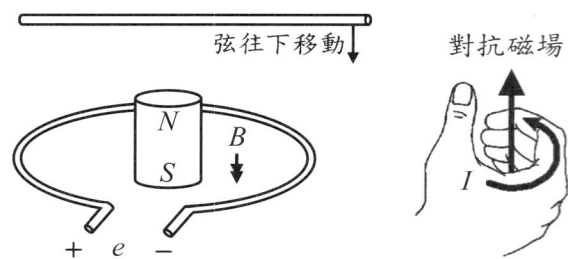

圖 2.3　電磁拾音器原理：鋼弦向下移動，線圈內向下磁場 B 逐漸增強，線圈有如化身為電池般產生感應電壓，來對抗磁場變化。利用右手定則判斷感應電壓極性，拇指代表希望產生的對抗磁場方向，其他四指為線圈感應電流方向，正極則為感應電流流出處。

可以用一個簡單的線性近似模型來作感應電壓的定量分析，假設弦作微小振動，所造成的磁通密度變化量不大，因而磁通密度的變化量約略正比於弦的位移量 x：

$$B(t) = B_0 + kx(t) \tag{2.2}$$

其中比例值 k 與磁鐵強度及拾音器到弦的距離有關，拾音器磁鐵磁力越弱或磁鐵離鋼弦越遠，則越難磁化鋼弦，k 值越小。假設線圈平均面積 A，則所產生的感應電壓為

$$e(t) = N\frac{d\Phi(t)}{dt} = NA\frac{dB(t)}{dt} = NAk\frac{dx(t)}{dt} = NAkv(t) \tag{2.3}$$

拾音器感應電壓 e 大小正比於弦振動速率 v，也就是說弦的頻率越高或撥動琴弦的振幅越大，拾音器輸出電壓越大。拾音器的增益主要由磁鐵磁力、弦至磁鐵的距離、繞線圈數 N 及線圈平均面積 A 所決定。圖 2.4 顯示拾音器的實體圖，六個磁鐵共用一個線圈，每個磁鐵的高度決定與弦的相對距離，磁鐵高度越高，與弦距離越短，(2.3)式中的 k 值越大，感應電壓越大。但若磁鐵與弦距離過近，磁鐵的吸力將造成弦振動時額外的阻尼，使振動很快衰減掉。

【例 2.1】給定拾音器參數如下：單一線圈平均面積 0.0015 米平方，圈數 8000 圈，假設 $k = 0.005\,(\text{Wb/m}^3)$，則撥動 A 空弦（第五弦，手指不按任何琴格）的位移 x 振幅 $\Delta x = 1$ 毫米，A 空弦唱名為 La，基頻振動頻率為 110 赫茲。則弦振動最大速度為 $2\pi f\Delta x = 2\pi \times 110 \times 0.001 = 0.0415$ 米/秒。估測拾音器感應電壓振幅如下

$$e_{\max} = NAk(2\pi f\Delta x) = 8000 \times 0.0015 \times 0.005 \times 2\pi \times 110 \times 0.001 = 0.0415$$

拾音器感應電壓振幅大小約為 0.0415 伏特。

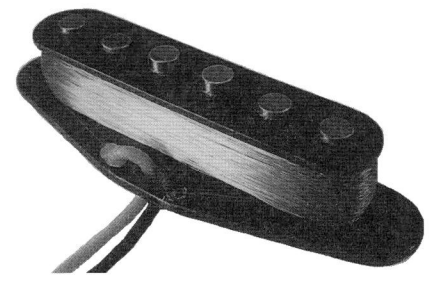

圖 2.4 拾音器線圈環繞在六個磁鐵的周圍，每個磁鐵對應一個弦，藉由調整磁鐵高度，可以改變每個弦震動的感測增益。

2.2 雙線圈拾音器

電磁拾音器分成單線圈(Single Coil)及雙線圈(Humbucker)兩種，之前所描述的為單線圈拾音器。簡單來說，雙線圈拾音器包含兩組單線圈拾音器，功能可由其英文名字 Humbucker 略窺一二。Hum 為哼鳴聲，buck 為抑制，尾字 er 代表裝置的意思，因此顧名思義，雙線圈拾音器能夠抑制外在電磁干擾的哼鳴聲。

生活環境中處處有電磁波，當高線圈數的電磁拾音器靠近交流電源線或電子設備時，很容易接收到干擾電磁波而產生吉他弦音以外的惱人嗡鳴聲。為了使消除環境電磁波干擾，可以將拾音器用非鐵磁類金屬殼包起來，並將機殼與電路的地接在一起，作為電磁屏蔽，另一個方法則利用兩組雙線圈拾音器來互相抵銷環境電磁波干擾的感應電壓。雙線圈拾音器是由美國吉普森(Gibson)吉他公司的電子工程師謝‧洛弗(Seth E. Lover)所發明。當時單線圈拾音器太靠近放大器的電源變壓器時會發出惱人的鳴聲，電吉他手必須調整適當的位置才能抑制這交流哼聲。1955 年，洛弗在吉普森公司設計放大器時，從消除哼鳴的扼流線圈(Choke Coil)得到了靈感，利用相同的原理設計了雙線圈拾音器，同年六月申請專利，不久即在吉普森公司生產的萊斯保羅(Les Paul)電吉他[2]中亮相，受到電吉他手的喜愛。雙線圈拾音器的原理如圖 2.5，利用兩組繞線相同但磁鐵極性相反的拾音器串接輸出，兩組線圈接收到相同的外在電磁波信號，產生相同極性的感應電壓 e_{ext}，兩線圈對接後可抵銷電磁干擾信號。另一方面，兩線圈的磁鐵極性相反，也就是說兩線圈對應鋼弦振動的變動磁場方向相反，因而產生極性相反的感應電壓 e，當兩線圈如圖 2.5 串接後，不但可抵銷電磁干擾，還會得到感應電壓加倍的效果。這也就是為什麼雙線圈拾音器比單線圈拾音器會有更大的音量。

---

[2]以美國音樂家萊斯‧保羅(Les Paul)名字命名。1930 年代年輕的萊斯‧保羅受到 里肯巴克電吉他的啟發，開始嘗試設計電吉他，並於 1946 年將自己的設計推薦給吉普森吉他公司，但吉普森公司沒採用。直到 1950 年另一個受到里肯巴克電吉他啟發的美國工程師李奧‧芬達在市場推出新型電吉他，吉普森公司才想到到萊斯‧保羅的設計，與他簽約並於 1952 年推出以萊斯‧保羅名字命名的電吉他。

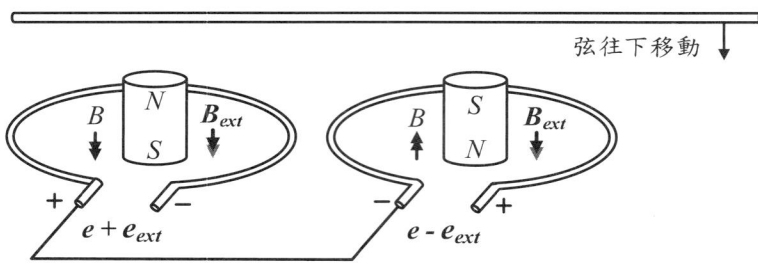

圖 2.5　雙線圈拾音器原理：兩線圈感受到相反的永久磁鐵磁場 B 及相同的外在干擾磁場 B_{ext}。理想中兩線圈串接後的輸出電壓等於兩倍的弦震動感應電壓 $2e$，外在干擾電磁的感應電壓 e_{ext} 則會剛好抵銷。

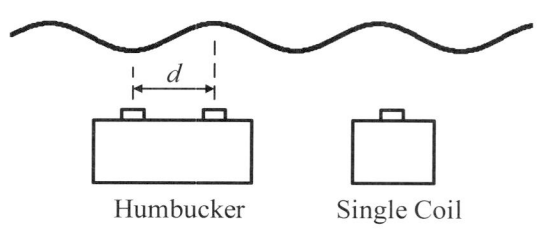

圖 2.6　雙線圈拾音器無法感測到部分高次的弦振動諧波：當高次諧波的半波長的奇數倍等於兩磁鐵距離 d 時，鋼弦的波峰與波谷所產生的感應電壓剛好會抵消。

　　事實上，在相同的弦振動下，雙線圈拾音器的輸出不會完全等於單線圈輸出的兩倍。主要原因是拾音器中兩組線圈所感測的弦振動位置會有些許不同，造成感測信號相位不盡相同。尤其，一根弦的振動除了基頻振動外還含有高頻諧波振動，如圖 2.6，當兩線圈磁極距離 d 為弦振動諧波的半波長奇數倍時，兩線圈所感測信號的波峰與波谷會彼此抵銷；當 d 等於諧波振動半波長偶數倍時，反而會有增長的現象。另外由於雙線圈拾音器串聯兩組單線圈，線長更長造成拾音器頻寬下降（下節會細述），所以整體而言，雙線圈拾音器比單線圈拾音器更容易衰減高頻信號。一般而言，單線圈拾音器聲音清脆明亮，適合彈奏鄉村音樂或輕搖滾歌曲；而雙線圈拾音器聲音厚實飽滿，適合搖滾與重金屬樂風的曲子。總結雙線圈拾音器的特點如下：

- 消除外部磁場干擾
- 中低頻輸出放大
- 高頻輸出衰減

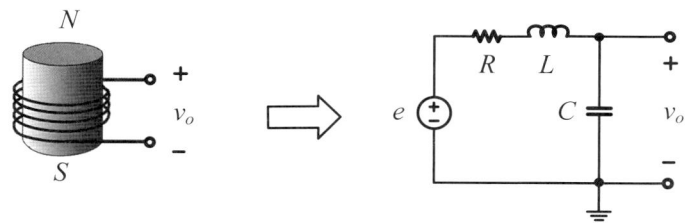

圖 2.7 拾音器線圈的等效電路模型，RLC 電路的頻率響應會影響拾音器的輸出音色。

2.3 拾音器線圈等效電路

拾音器線圈一般採用美國標準線徑規格 AWG(American Wire Gauge)的 42 號漆包銅線，其直徑略比頭髮細，約為 0.0635 釐米，每米的直流阻值約 5.45 歐姆。為了提高拾音器的感應電壓增益，線圈繞線圈數會高達數千圈。拾音器線圈會產生感應電壓，導線阻值及線圈電感，以及漆包線重疊纏繞所造成的兩相鄰導線與絕緣層的雜散電容效應。圖 2.7 為拾音器線圈等效電路，電壓源代表感應電壓，串聯電阻及電感代表線圈的阻值與感值，導線兩端的電容代表多層交疊線圈間的電容效應。

拾音器線圈的等效電路參數會影響拾音器的不同頻率信號的增益，進而影響音色。粗略分析可以發現此等效電路為低通電路，可通過低頻而濾除高頻：對於低頻信號而言，電感有如短路，電容有如開路，因此低頻信號可以通過；對於高頻信號而言，電感有如開路（阻絕高頻），電容有如短路（將高頻信號短路到地），有雙重濾除高頻的效果。除此之外，當信號頻率落於電感與電容諧振頻率（$\omega = 1/\sqrt{LC}$ rad/s）附近，信號有特別放大的效果。拾音器線圈的電路模型可類比於如圖 2.8 的質量、彈簧與阻尼器的機械系統：其中電感類比於質量，電容類比於彈簧，電阻有如阻尼器。假設質量 m，彈簧彈力係數為 k，阻尼係數為 b，則比對線圈電路方程式與機械運動方程式如下

$$\text{電路：} \quad L\frac{d^2 v_o(t)}{dt^2} + R\frac{d v_o(t)}{dt} + \frac{1}{C}v_o(t) = \frac{1}{C}e(t) \tag{2.4}$$

$$\text{機械：} \quad m\frac{d^2 x(t)}{dt^2} + b\frac{dx(t)}{dt} + kx(t) = f(t) \tag{2.5}$$

電感與電容振盪頻率（$1/\sqrt{LC}$ rad/s）對應質量彈簧的振盪頻率（$\sqrt{k/m}$ rad/s），在低阻尼的機械系統，當外力頻率接近質量彈簧的振盪頻率時，會發生共振現象，產生巨大的振盪。相同的，對於拾音器線圈等效電路，當感應電壓頻率接近電

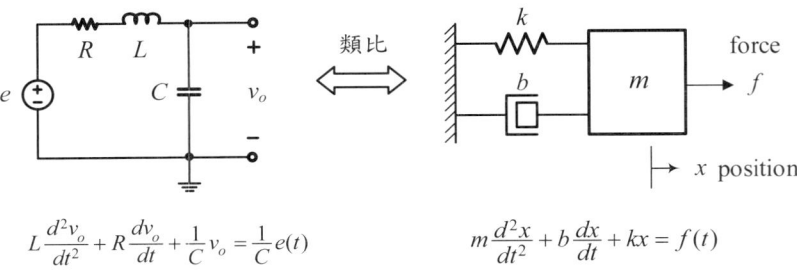

圖 2.8 拾音器線圈的 RLC 電路可類比於簡單的質量彈簧阻尼器系統，其中電感類比於質量，電容類比於彈簧，電阻類比於阻尼器。

感與電容振盪頻率時，也會有共振現象發生，在諧振頻率產生特別高的增益放大效果。當電阻較大時，共振會較不明顯，因為高電阻提供高阻尼能快速衰減振盪，電阻小則共振會特別明顯。

分析拾音器的詳細頻率響應，首先我們可以依照附錄 D 的步驟，對(2.4)式取拉式轉換(Laplace Transform)，計算出電路從輸入感應電壓到輸出電壓的轉移函數(Transfer fucntion)。

$$T(s) \equiv \frac{V_o(s)}{E(s)} = \frac{\frac{1}{sC}}{R + Ls + \frac{1}{sC}} = \frac{1}{LCs^2 + RCs + 1} \qquad (2.6)$$

可將轉移函數的變數 s 換成 $j\omega$ 得到拾音器的頻率響應函數

$$T(j\omega) = \frac{1}{(1 - LC\omega^2) + j\omega RC} \qquad (2.7)$$

$$\text{增益} = |T(j\omega)| = 1 \Big/ \sqrt{(1 - LC\omega^2)^2 + (\omega RC)^2} \;, \qquad (2.8)$$

$$\text{相位} = \angle T(j\omega) = -\tan^{-1}\left(\frac{\omega RC}{1 - LC\omega^2}\right) \qquad (2.9)$$

拾音器的頻率響應影響吉他的音色，圖 2.9 為典型的頻率響應圖，又稱波德圖（Bode Diagram）。如預期，低頻增益為 1，高頻時增益趨近於零，另外在低阻尼狀況下，電感電容振盪頻率時產生增益放大現象，增益與相位計算如下。

共振頻率：$\omega_{res} = \dfrac{1}{\sqrt{LC}}$ rad/s 或 $f_{res} = \dfrac{1}{2\pi\sqrt{LC}}$ Hz

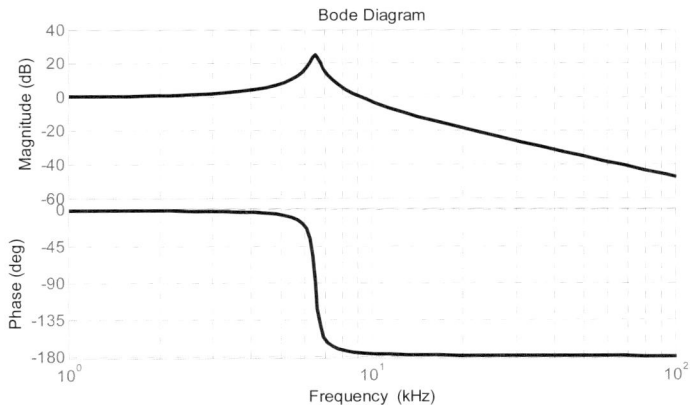

圖 2.9 拾音器線圈的頻率響應，電路模型參數：R=7kΩ, L=3H, C=200pF。

$$\text{共振頻率響應} \quad T(j\omega_{res}) = -j\frac{\sqrt{L}}{R\sqrt{C}} = \frac{\sqrt{L}}{R\sqrt{C}}\angle -90° \tag{2.10}$$

電感值影響拾音器共振頻率，一般數值落在 2~10 亨利範圍，共振頻率落在 2 到 10 千赫茲範圍。線圈數越少，電感與電容值越小(如機械振動系統中質量越小而彈力係數越大)，共振頻率越高，頻寬越高，吉他音色越明亮；相反的線圈數多，電感與電容值越大，共振頻率越低，聲音比較厚實圓潤，典型例子是雙線圈拾音器，由於串聯兩線圈輸出，有比較大的電感值，因此音色較厚實。電阻值越小(拾音器線圈電阻值一般落於 5~20 千歐姆範圍)，共振頻率峰值增益越高，造成高頻諧波放大，吉他弦音越明亮，但高頻放大過多會覺得刺耳。如何改變拾音器的頻率響應，進而改變電吉他音色與音質是下一章的課題。

【例 2.2】如圖 2.9 例子，給定拾音器等效電路參數：R=7 kΩ，L=3 H，C=200 pF。估算拾音器共振頻率與在共振頻率的增益。

$$f_{res} = \frac{1}{2\pi\sqrt{LC}} = 6498 \text{ Hz}$$

$$\text{增益} = \frac{\sqrt{L}}{R\sqrt{C}} = 17.5$$

共振頻率約 6.5kHz 而共振頻率增益約 17.5，為 20log$_{10}$(17.5)=25 dB，與圖 2.9 一致。

□

電磁拾音器

3

電吉他上的控制電路

李奧·芬達(Clarence Leo Fender,1909-1991)是第一個大量生產實心電吉他的人，他雖然不會彈電吉他，但在各方面影響今日的電吉他與其音樂，他設計的電吉他獲得無數喜愛：從貓王艾維斯，到披頭四的主吉他手喬治·哈里遜，到獲得18座葛萊美獎的艾瑞克·克萊普頓，甚至巴迪·霍利死後的墓碑上還刻有最愛的芬達電吉他。李奧·芬達出生於美國加州富勒頓的一個農家，十幾歲時受到開汽車電子舖的叔叔的影響，著迷於將電子元件組合成收音機。在大學主修會計時，還會在閒暇時自學電子電路。大學畢業後當過送貨員及會計，1930年代的美國經濟大蕭條，最終李奧也失業了，1938年李奧借了600美元回到家鄉富勒頓，用自學的技術開了一家無線電修理舖。當時很多樂手帶著里肯巴克公司設計的夏威夷鋼棒電吉他或擴大機來修理，他開始對這樣的樂器感興趣，自認可以改善原有的設計。命運的安排，李奧認識了當時在里肯巴克擔任首席設計師的多克·考夫曼(Doc Kauffman)，1945年他們兩個成立了K&F公司生產鋼棒電吉他及真空管擴大機。但沒多久，考夫曼對前景感到悲觀而離開了，1946年李奧將公司改名為芬達樂器公司。1950年芬達公司推出第一款實心電吉他Telecaster，實心的琴身大幅降低高音量時的共鳴回授老問題，因而大受歡迎。1954年推出另一款含顫音搖座的經典電吉他Stratocaster，更是獲得前所未有的成功。成名後的李奧·芬達保持一貫的低調生活，婉拒了許多電視訪問機會，每天專注於改良電吉他。常常有許多音樂家慕名求見，有一次搖滾巨星王子來拜訪，見不到李奧而不肯走，最後在公司其他同仁的懇求下，他見了王子。王子向李奧提出希望芬達未來不要再製造與他擁有相同的粉紅電吉他，李奧微笑同意了[1]。

3.1 音量控制

聲波憑藉空氣的疏密變化傳送能量，屬於縱波。空氣受擠壓部分氣壓變大，擴張部分壓力變小，其中聲波所造成的壓力變化大小稱為聲壓或音壓，可直接影響人耳感受的音量大小。氣壓的國際標準量測單位為帕 (Pa)，標準一大氣壓為 101325 帕，物體震動造成氣壓的些微變化，20 微帕 ($\mu Pa = 10^{-6}$ Pa)約為人耳聽覺可察覺的最小聲壓。一般而言，人耳對音量大小的感覺約為聲壓的對數函數，因此音量以聲壓的對數函數來定義，假設量測聲壓為 P，則噪音計所量測的聲音大小(Sound Pressure Level, SPL)定義如下

$$\text{SPL} \equiv 20\log_{10}\frac{P}{P_0} \quad \text{(單位: dB 分貝)} \tag{3-1}$$

---

[1] P. Fender and R. Bell, *Leo Fender: The Quiet Giant Heard Around the World*, Leadership Institue Press, 2017.

表 3.1　音量與喇叭電壓與功率關係

電壓	功率	分貝	音量
1 倍	1 倍	增 0	1 倍
1.41 倍	2 倍	增 3	1.23 倍
2 倍	4 倍	增 6	1.52 倍
3.16 倍	10 倍	增 10	2 倍
10 倍	100 倍	增 20	4 倍
100 倍	10^4 倍	增 40	16 倍

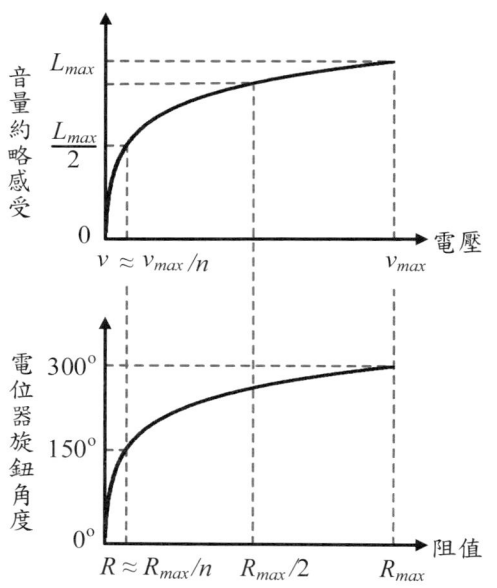

圖 3.1　A 類對數型電位器旋鈕角度約為分壓電阻及輸出分壓的對數函數。由於音量為喇叭電壓的對數函數，因此旋鈕角度來控制喇叭電壓可約略正比音量大小。當旋鈕轉到中間位置，電位器的分壓電阻 R 為整體電阻 R_{max} 的 $1/n$，n 值一般介於 5 到 10 之間。

其中以人耳聽覺可察覺的最小聲壓 $P_0 = 20$ μPa 作為參考聲壓。所以當 $P = 20$ μPa 時量測值為 0 分貝；一般當音壓高到 $P = 20$ Pa，人耳開始會有痛覺時，為 120 分貝。

　　越大的電壓驅動喇叭可產生越大音壓，音壓與驅動電壓幅值約為等比例的關係，因此音量大小也約為電壓的對數函數。表 3.1 顯示喇叭驅動電壓、驅動功率、音量分貝大小與人主觀所感受響度的概略比例關係。增高音量需要很大的能量，例如喇叭驅動功率提高二倍，聲壓增高三分貝，人們才會有音量稍微提高的感受[2]。電壓提升 3.16 倍，驅動功率提升 10 倍，音量提升 10 分貝，人主觀感受到的音量僅約為 2 倍。這也是為甚麼家中 100 瓦的喇叭擴大機與 10 瓦比較，聽起來音量沒有想像中大太多的原因。

　　電吉他上有調整音量大小的旋鈕(Volume Control)，可藉由改變輸出電壓的大小改變最後喇叭輸出的音量。調整輸出電壓的簡單作法，如圖 3.2 使用電位器(Potentiometer 或簡稱為 Pot)作分壓輸出。電位器為可調的分壓電阻，有三個接腳，分別為輸入、輸出與接地。電位器旋鈕改變輸出的分壓比例，旋鈕角度從 0 度到 300 度，約為人手腕可以旋轉的角度範圍，一般使用習慣為順時針旋轉到底對應最大音量(注意圖 3.2 接腳，接錯可能造成順時針旋轉反而音量變小)。一般常見的電位器分成 A、B 兩類，A 類為對數型電位器，輸出電壓與旋鈕角度呈現對數函數的關係；B 類為線性電位器，輸出電壓與旋鈕角度呈現線性關係。考慮到音量大小近似於電壓的對數函數，所以音量調整須使用 A 類電位器，如圖 3.1 關係曲線所示，如此可使旋鈕角度約正比於人感受的音量大小。另外選擇電吉他上的音量調整電位器時，需特別注意電位器電阻值需遠大於拾音器的輸出阻抗，避免拾音器的嚴重負載效應，造成信號輸

---

[2] 人們難以察覺低於三分貝的音量變化。

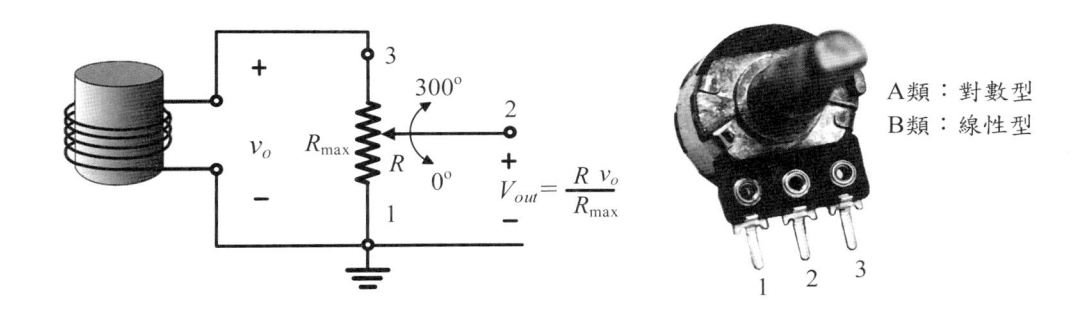

圖 3.2 電位器連接拾音器作為音量控制器。電位器旋鈕控制第 2 接腳的滑動接點位置來改變 1 與 2 接腳的阻值 R，因而改變分壓比例，逆時針旋轉到底為 0 度，輸出電壓為零。

出的額外衰減。考慮拾音器線圈的阻值約在 5kΩ 到 20kΩ 之間，所以一般選擇電位器輸入端到地的阻值至少要大於 200kΩ。

電吉他常見的音量調整電位器為 250kΩ、300kΩ 或 500kΩ 的 A 類電位器。

若手邊有電位器，但不知道是何類型，簡單的檢驗方式是：調整旋鈕至中間位置後，量測電阻阻值，線性電位器會等分兩分壓電阻，對數電位器則不會等分兩分壓電阻。

3.2 音質控制

　　吉他或其他樂器所發出的單音並不是單一頻率的弦波，除了基頻外還含有倍頻諧波，及部分非線性所產生的其他頻率的聲音，頻率組成分佈決定了樂器的音質或音色。電吉他除了可以藉由不同彈奏技巧改變音色外，還可以藉由電路改變頻率組成比例，使得有些頻率衰減，有的頻率增長，因而改變音色。電吉他上有音質控制(Tone Control)的旋鈕，我們可以看到藉由簡單的電容與可變電阻電路，就可以調整拾音器頻率響應，來改變音色。

　　在 2.3 節，我們看到拾音器的頻率響應因為缺乏足夠的阻尼及電感與電容的諧振，而在諧振頻率 $1/\sqrt{LC}$ (rad/s)附近有明顯的增益放大，造成聲音過於清脆。由(2.11)諧振頻率增益表示式為

$$\text{諧振頻率增益} = \left| T(j\frac{1}{\sqrt{LC}}) \right| = \frac{\sqrt{L}}{R\sqrt{C}} \tag{3-2}$$

觀察上式，降低增益的其中一個方法為增加電容值。若在拾音器輸出並聯較大電容 C_1 可有效降低增益峰值。但要能明顯抑制峰值，所並聯的電容值須為拾音器電容值的百倍。通常拾音器的電容值為幾百 pF，因而電容 C_1 的合理值約為幾十 nF。不過，並

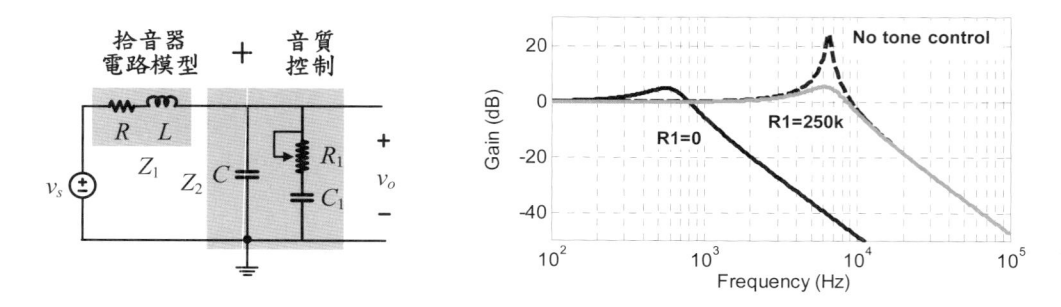

圖 3.3 簡單的 RC 音質控制電路可有效抑制增益峰值，改變 R_1 電阻值可改變頻寬(增益圖以電路參數 R=7kΩ, L=3H, C=200pF, C_1=22nF 繪製)。

聯大電容的方法雖可以有效降低增益峰值，但也連帶降低電感與電容諧振頻率 $1/\sqrt{LC}$，使得整體頻寬也跟著降低，無法得到清亮的聲音，不適合所有曲風。雖然調整電容值，可以改變音色，但是一般電子材料行可買到的可調電容值都差不多在 pF 的範圍，較適合射頻的應用，對於音頻的應用而言，電容值過小。

為彌補單一電容設計的缺點，如圖 3.3 在電容 C_1 上串接一個電阻 R_1。串聯電阻可限制拾音器電感與電容 C_1 間的振盪電流，有效限制增益峰值，又可避免電容 C_1 高頻短路至地所造成的頻寬限制。根據圖 3.3，拾音器感應電壓到輸出電壓的轉移函數為 Z_1 及 Z_2 兩阻抗的分壓：

$$T(s) \equiv \frac{V_o(s)}{V_s(s)} = \frac{Z_2}{Z_1 + Z_2} \tag{3-3}$$

其中

$$Z_1 = Ls + R \; ; \tag{3-4}$$

$$Z_2 \approx \begin{cases} \dfrac{1}{sC} \parallel \dfrac{1}{sC_1} = \dfrac{1}{s(C+C_1)} & \text{低頻時} \\ \dfrac{1}{sC} \parallel R_1 = \dfrac{1}{sC_1 + 1/R_1} & \text{高頻時} \end{cases} \tag{3-5}$$

在低頻時，C_1 阻抗遠大於 R_1，因此 R_1 可以忽略，Z_2 有如電容 C 與較大電容 C_1 並聯，可抑制增益峰值。在高頻時，C_1 阻抗遠小於 R_1，因此 C_1 可以忽略，Z_2 有電容 C 與 R_1 並聯。設計的概念如下：若我們選取較大的 R_1，使得電容 C 的高頻阻抗遠比 R_1 小，則 Z_2 在高頻有如原本的單一電容 C 阻抗，因此不影響原本的頻寬。

串聯電阻電容的設計還有另一個優點：調整容易，將 R_1 換成可變電阻即可調整音色。將音質控制旋鈕(Tone Control)連接電位器，如圖將電位器 2、3 腳位短路，當作可變電阻 R_1 使用，藉由調整 R_1 的值來改變音色。依照一般使用的習慣，當電位器

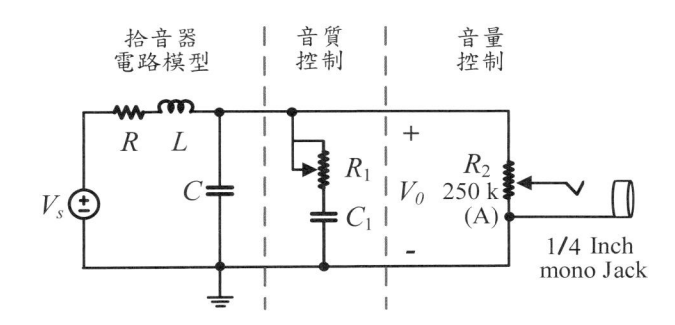

圖 3.4　音質音量控制電路及音訊插孔

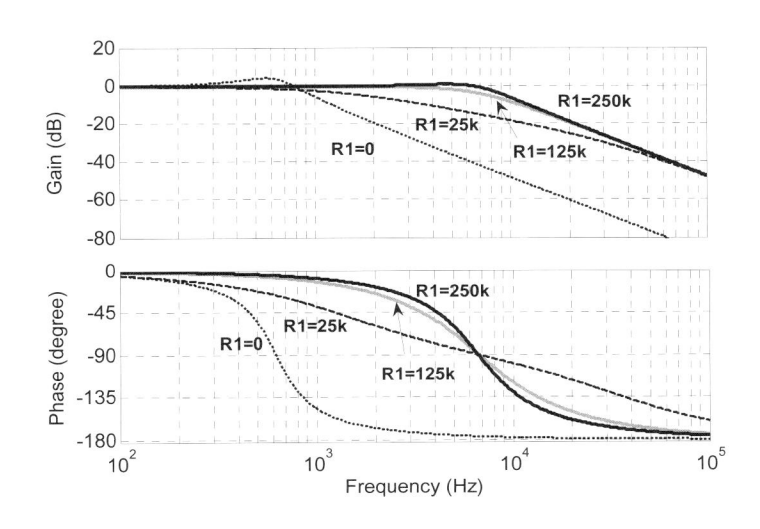

圖 3.5　選用不同電阻值的 RC 音質控制器對拾音器頻率響應的影響。

旋鈕逆時針旋轉，R_1 值變小時高頻衰減，頻寬小；當電位器旋鈕順時針旋轉，R_1 大則頻寬大，保留高頻清亮的聲音。

【例 3.1】圖 3.4 顯示拾音器電路模型及音質音量控制電路，給定以下參數

拾音器　　　　：　$R = 7\ \text{k}\Omega$，$L=3\ \text{H}$，$C=200\ \text{pF}$。
音質控制器：　$R_1 = 250\ \text{k}\Omega$, pot (A, LOG)；$C_1 = 22\ \text{nF}$。
音量控制器：　$R_2 = 250\ \text{k}\Omega$, pot (A, LOG)。

利用附錄 A.1 的 Matlab 程式，得到感應電壓 V_s 到輸出電壓 V_o 的頻率響應函數，代入不同 R_1 值得到如圖 3.5 的頻率響應曲線，藉此比較不同 R_1 值所造成的高頻衰減程度。另外比較圖 3.5 及圖 3.3 的增益峰值，可以了解由於音量控制器的電阻提供了額外的阻尼，所以圖 3.5 的增益峰值明顯比圖 3.3 沒有考慮音量控制電位器時小。　□

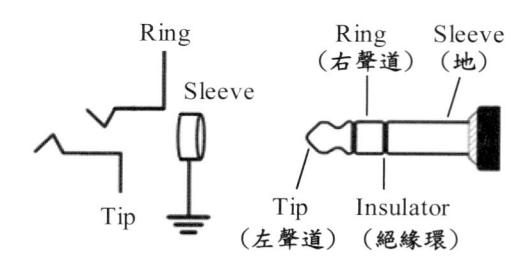

圖 3.6　雙聲道音頻信號線的插孔與插頭，單聲道插孔與插頭則無中間的導電環(Ring)。

  至於音質控制是較適合用 A 類還是 B 類電位器呢？可由圖 3.5 的不同阻值所對應的增益曲線判斷。當旋鈕在中間位置，一般 A 類對數型電位器阻值約為最大值的 1/10 到 1/5，此例假設為 1/10，也就是 $R_1 = 25\ \text{k}\Omega$，由圖可見，所對應輸出頻寬介於最大與最小之間。若使用 B 類線性電位器，則當旋鈕在中間位置時 $R_1 = 125\ \text{k}\Omega$，所得頻率響應曲線與旋鈕轉到最大($R_1 = 250\ \text{k}\Omega$)時幾乎相同，很難感覺其差異，將造成使用上的困惑。總結電阻電容音質控制器的設計，常見電阻電容數值為

$$\text{音質控制電路：}\quad R_1 = 250\ \text{k}\Omega,\ 300\ \text{k}\Omega\ \text{或}\ 500\ \text{k}\Omega\ \text{(A 類電位器)}$$
$$C_1 = 22\ \text{nF},\ 33\ \text{nF},\ 47\ \text{nF}\ \text{或}\ 68\ \text{nF}\ \text{(薄膜電容)}。$$

音質控制的電容多採用低損耗的無極性薄膜電容(Film Capacitor)，有極性電容不適合用於音質控制電路或是音頻信號耦合，往往因為交流特性的不對稱，容易產生規律性的失真。常見的音質控制電容有如英國 Mullard 公司的聚酯薄膜電容，以多個彩色條紋標示電容值，所以常被稱為熱帶魚(Tropical Fish)電容；或是美國 Cornell Dubilier (CDE)公司的橘滴(Orange Drop)聚丙烯薄膜電容，皆為性能優越，電介質損耗因數低，很適合用於音質控制的電容。

  圖 3.4 的拾音器電路模型及音質音量控制電路，並連接輸出音訊的插孔示意圖。電吉他需要導線與音效踏板或音箱座連接，電吉他使用 1/4 吋(6.35mm)單聲道音訊插孔(Jack)，可以與導線的插頭(Plug)作連接。此種音訊接頭最早出現於人工電話交換機上，它比目前常見的耳機音訊 3.5mm 接頭大，目的是要更穩固的與接座連接。圖 3.6 顯示雙聲道音訊接頭的構造，雙聲道的插頭有三個金屬環，分別連接左右聲道音訊及地，插座有對應的金屬接點，插頭插入後可穩固的與三金屬環連接。電吉他的單聲道接頭與接座構造與雙聲道唯一的差別是少了中環(Ring)的接點。

電吉他電路　　29

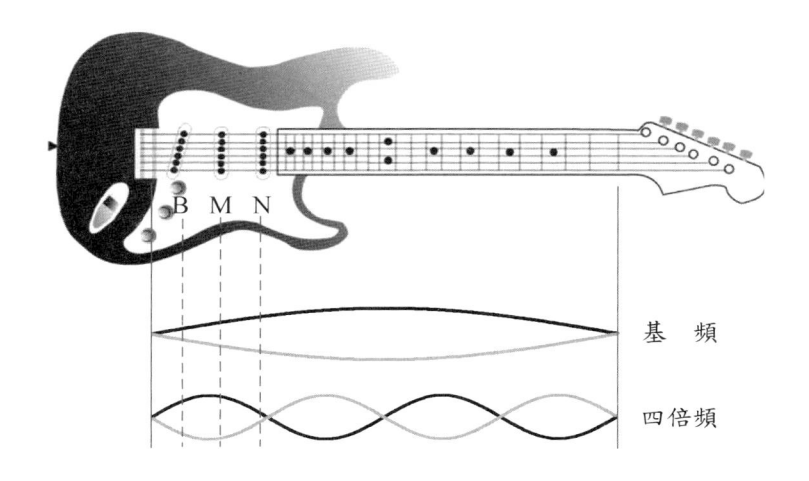

基 頻

四倍頻

圖 3.7 不同位置拾音器感測到不同比例的諧波：靠近琴橋的拾音器(B)可感測到不同頻率的振動，音色較明亮；靠近琴頸拾音器(N)雖可感測到低頻的大振動，但難以感測部分高頻諧波的振動(因為所在位置非常接近節點，振動非常小)，因此音色較圓潤厚實。

3.3　拾音器切換開關

　　對於擁有多組拾音器的電吉他，可以藉由選擇不同拾音器來變換音色。最早的電吉他僅有一組拾音器，但今日的電吉他大多會有多組拾音器，利用多段的切換開關來選擇或組合拾音器的輸出。圖 3.7 顯示常見的拾音器裝設位置：靠近琴橋處（Bridge），靠近琴頸處(Neck)，或是介於之間的位置(Middle)。拾音器在不同位置所感測弦振動不一樣，故有不同的音色。靠近琴橋的拾音器(標記 B)對於低頻或高頻振動都蠻容易感測，但靠近琴頸的拾音器(標記 N)或在中間的拾音器(標記 M)，則較難感測部分高頻的振動。以圖 3.7 為例，在琴頸處的拾音器可以感測到很大振幅的低頻振動，但難以感測四倍頻的空弦振動，因為所處位置幾乎是沒有位移的四倍頻振動的節點(Nodal Point)。比較起來，接近琴橋處的拾音器所感測的低頻振動量較小，卻可以感測到豐富的高頻振動，比較沒有節點問題。總而言之，越靠近琴橋的拾音器所感測的聲音含有較多的中高頻諧波，音色較明亮，適合破音刷扣；越靠近琴頸的音色越圓潤厚實，適合獨奏。

　　今日多拾音器的電吉他設計是從 1950 年代的三大設計延用或演變而來，這三大經典設計包括：美國爵士吉他手萊斯·保羅(Les Paul, 1915-2009)所設計與他同名 Les Paul 電吉他；以及電吉他發明家李奧·芬達(Clarence Leo Fender, 1909-1991)所設計的 Telecaster 及 Stratocaster 兩款電吉他，見圖 3.8。萊斯·保羅電吉他的琴身有著如缺角圓葫蘆的輪廓，載有兩個雙線圈拾音器。Telecaster 有兩個單線圈拾音器，分別在靠近琴橋與琴頸的位置；Stratocaster 有三個單線圈拾音器，多了一組在中間位置的拾音器；有趣的是 Telecaster 與 Stratocaster 靠近琴橋的單線圈拾音器明顯傾斜擺置，對應第一弦(高音 E 弦)的磁鐵較靠近琴橋，目的是感測更多的高音，使高音更清脆明亮；

Telecaster　　　　　　Stratocaster　　　　　　Les Paul

圖 3.8　三大經典電吉他設計。史上最貴的電吉他是 2005 年為南海海嘯罹難者募資時，聯合 19 樂手簽名的 Fender Stratocaster，售出兩百七十萬美元的史上最高價格。

對應第六弦(低音 E 弦)的磁鐵則較遠離琴橋，強調低音的感測，使低音更厚重。另外一個 Stratocaster 比較特殊的地方，在於增加了顫音搖座的設計，這是李奧·芬達的其中一個創舉，如圖 3.9，可以在演奏時快速來回下壓搖桿(標示 37)產生顫音的音效。這三款經典電吉他，很難再有所改良，所以幾十年來的基本設計幾乎都沒甚麼改變。

多拾音器電吉他的琴身會安裝拾音器切換開關，選擇不同位置的拾音器來改變音色。原本芬達公司為 Stratocaster 裝有三段開關，分別選擇三個不同的拾音器，但在 1977 年改為五段切換開關，多了拾音器並聯輸出的選擇。圖 3.10 為芬達公司為拾音器切換所設計的五段切換開關(5-Way Lever Switch)。此開關看似傳統的雙軸三切開關，所謂雙軸指兩組連動開關作相同的切換，三切是指有三個切換位置，如圖 C 點可以選擇連接到 1 或 2 或 3 三接點。但不一樣的是，此特殊開關的切換位置不止三個，

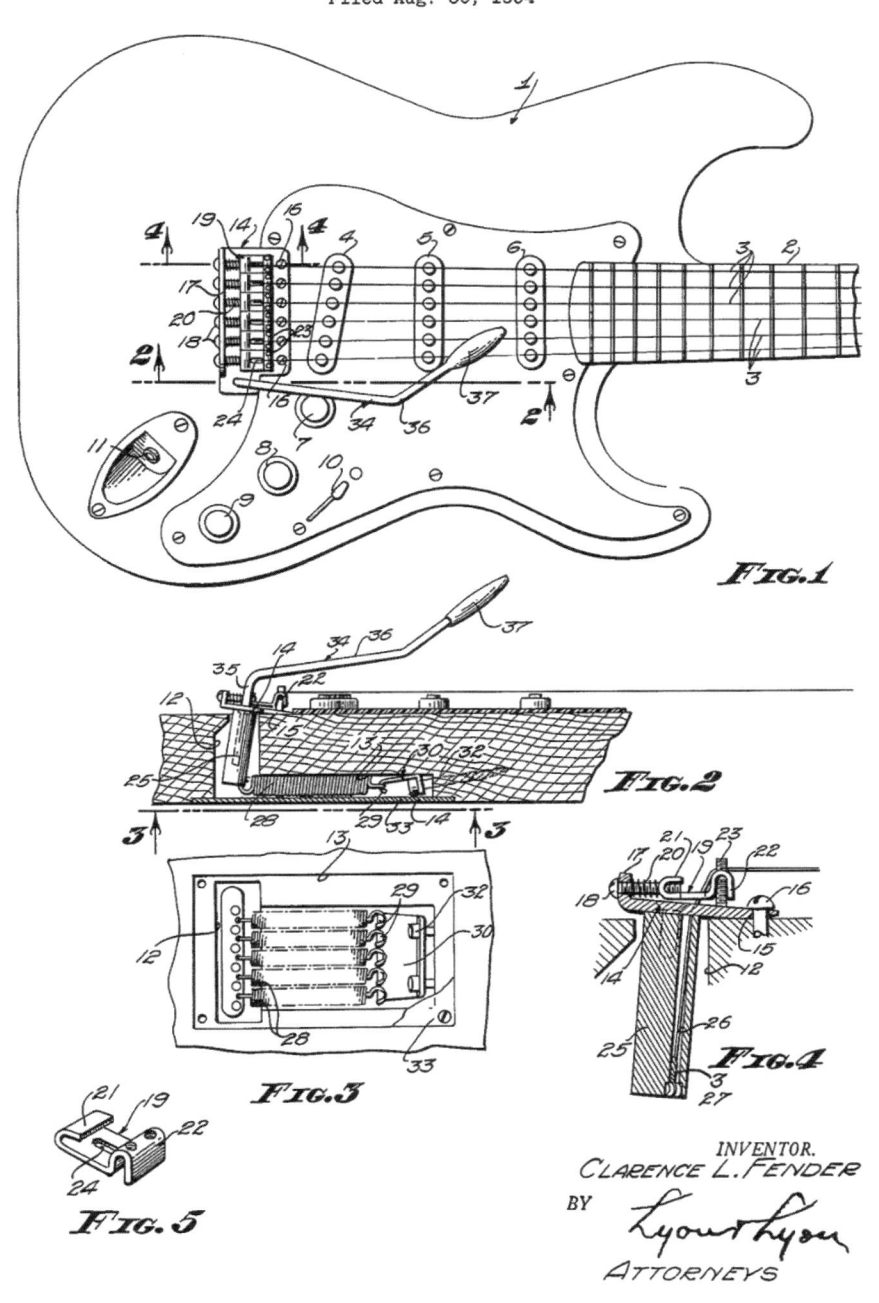

圖 3.9 李奧·芬達在 1954 年提出在 Fender Stratocaster 電吉他上的搖座設計專利。

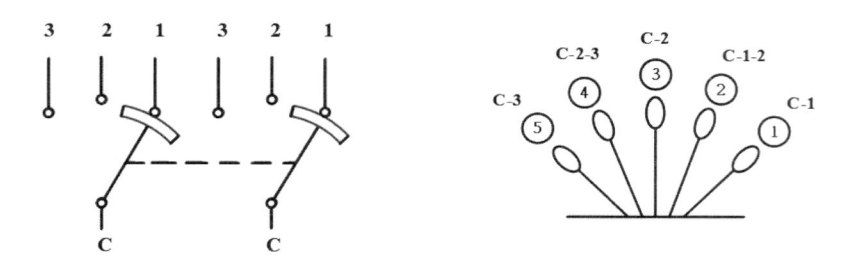

圖 3.10 五路切換開關：開關切換到位置①，C 點連接到 1；切換到位置②，C 點同時與 1 及 2 短路；切換到位置③，C 點連接 3。其他以此類推。

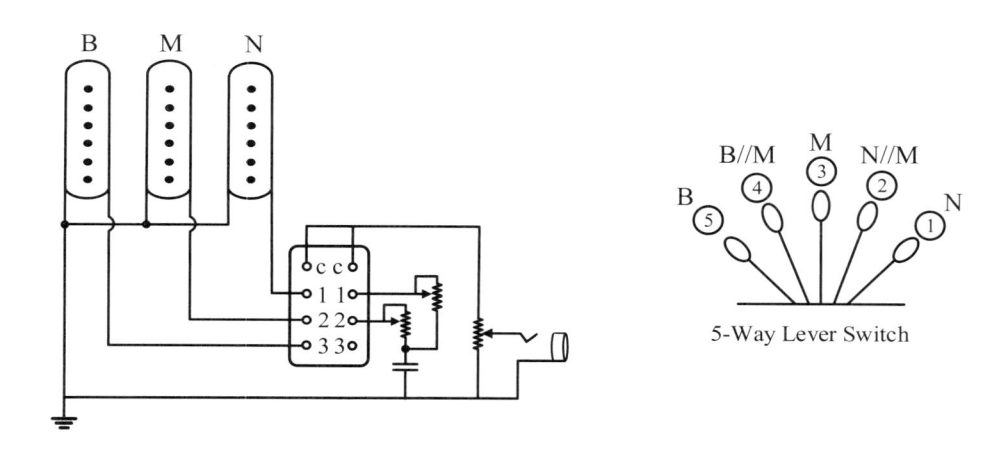

圖 3.11 典型的 Stratocaster 三個單線圈拾音器配置與接線：由五段開關選擇拾音器，開關位置①選擇 N 拾音器單獨輸出，開關位置②使 N 與 M 拾音器並聯輸出，以此類推。音量旋鈕調整所選拾音器的輸出信號大小。兩個音質控制鈕可分別調整 N 及 M 拾音器音色，B 拾音器則無自己的音質控制電路，也就是說選擇 B 拾音器單獨輸出時，無法作音質控制。

而是五個，當切到兩接點之間，可使鄰近兩接點同時連通。如圖，第一個開關位置，連接 C 與 1；第二個開關位置，可使 C 與 1 與 2 連通，第三個開關位置，僅連接 C 與 2，以此類推。此種特殊開關在電路設計上有很大的彈性，可依照設計者的需求，不同的接線可變換出不同的拾音器的切換選擇與組合。

　　圖 3.11 為典型的芬達 Stratocaster 電吉他的拾音器接線圖，三個單線圈拾音器分別放置於接近琴橋(B)、中間(M)及琴頸(N)的位置，有兩個音質控制旋鈕、一個音量旋鈕及一個五段的拾音器切換開關。三個拾音器線圈的一端共地，另一端分別接到開關的 1、2、3 點，開關的另一組接點 1 與 2 如圖接到音質控制的可變電阻，C 點接音量

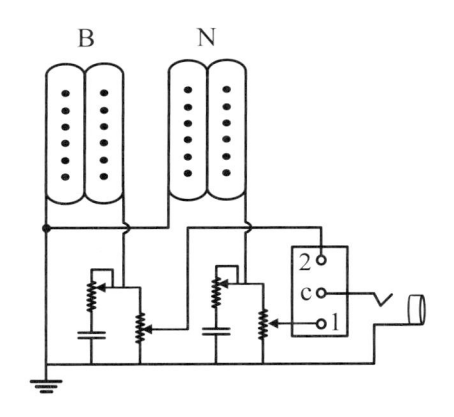

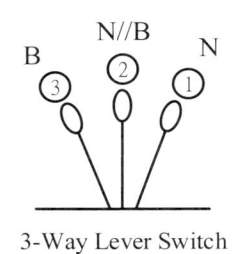

圖 3.12　典型的 Les Paul 拾音器配置與接線，兩個雙線圈拾音器分別安裝靠近琴橋(B)與琴頸(N)位置，由三段開關切換選擇拾音器，開關撥到中間位置代表兩個拾音器並聯輸出。

控制的電位器作輸出。動作原理如下，在開關位置①時，琴頸拾音器接音質與音量控制後輸出，此時只有第一個音質控制旋鈕有作用；在開關位置②，琴頸與中間的拾音器並聯，並接兩個音質控制電路旋鈕及音量控制後輸出，因此兩個音質控制旋鈕皆有作用；在開關位置③，中間位置拾音器接音質與音量控制後輸出，僅有第二音質控制旋鈕有作用；在開關位置④，中間與琴橋的拾音器並聯，接音質與音量控制後輸出，僅有第二音質控制旋鈕有作用；在開關位置⑤，琴橋拾音器單獨接音量控制作輸出，無法作音質控制。

　　圖 3.12 顯示吉普森吉他公司生產的典型的 Les Paul 電吉他接線，兩組雙線圈拾音器分別位於較靠近琴頸及琴橋的位置，兩組雙線圈拾音器有各自專屬的音質與音量控制電路，三段開關來選擇拾音器是要單獨輸出還是兩組並聯輸出。兩拾音器的各自音量控制輸出端接上開關的 1 與 2 點，開關的 C 點接到最後輸出。開關位置①，輸出琴頸拾音器，此時只有連接琴頸的音質與音量控制有作用；位置②，並聯輸出琴頸與琴橋拾音器的信號，兩組音質與音量旋鈕皆有作用，可改變琴頸與琴橋信號音質與輸出比例；位置③，僅有琴橋拾音器作輸出，也只有連接琴橋的音質與音量控制有作用。

4

音質控制及等化器

最有名的類比音質控制電路是英國電子電路工程師彼得·巴森道爾(Peter James Baxandall, 1921-1995)所設計。巴森道爾在29歲時設計出最初版本的音質控制電路，並參加英國錄音協會1950年所舉辦的競賽，並獲得首獎一支手錶的獎勵。隨後巴森道爾將作品投稿於無線世界雜誌(Wireless World)[1]，由於電路設計簡單又聰明，可透過兩個電位器獨立調控高低音，因此馬上受到大家的注意，之後巴森道爾音質控制電路不斷出現在各類音響產品中，但巴森道爾從未收到任何的權利金。今日常見的巴森道爾音質控制電路有衰減型及負回授型兩個版本，這兩個版本的設計皆非常實用簡單，依然受到電子樂器與音響電路設計工程師的喜愛。

4.1 巴森道爾衰減型音質控制電路

音質控制(Tone Control)目的在調整聲音信號的頻率成份比例，藉此改變音質符合聆聽者的喜好。除了電吉他上有可調整頻寬的簡易音質控制旋鈕外，電吉他的喇叭擴大機一般也附有音質控制電路，可獨立調整高低音的音量。專業的音質控制則需要調整更多頻帶的音量大小，修正或平衡各頻帶聲音大小，此種較精細的多頻帶音質控制一般稱為等化器(Equalizer，或簡稱 EQ)。簡單的來說音質控制或等化器本質上為可選擇頻帶的音量控制器。

音質控制或等化器為多個不同頻帶的可調增益濾波器的輸出組合。

圖4.1 為經典的巴森道爾(Baxandall)音質控制電路的基本結構，本質上為兩組電阻及電容組成的可調分壓電路，分別作高低頻的音量控制，兩組電路輸出經阻抗分壓並聯輸出。特點是僅由電阻及電容被動元件組成，元件少便宜，但缺點是增益無法超過1，一般稱為衰減型音質控制器。圖 4.2 為詳細的巴森道爾衰減型音質控制電路，此電路可分成兩個部分：左邊的電路為低音調整電路；右邊為高音調整電路，藉由旋轉兩個 A 類對數型電位器的旋鈕，分別來調整低音及高音的多寡。圖 4.2 顯示頻率響應增益圖，其中三條曲線分別是高低音皆調最大、高低音皆調在中間、高低音皆調最小。以下將針對高低音調整電路做仔細分析與說明。

首先分析圖 4.3 的低音調整電路，元件值形成某個比例關係。概略分析，高頻時電容有如短路，高頻增益不受電位器旋鈕角度所影響，約為 $1/n$，通常 $n \gg 1$，例如 $n=10$。低頻時電容有如開路，電位器旋鈕角度改變分壓電阻 R_x，進而改變低頻增益：

---

[1] P. J. Baxandall, "Negative-Feedback Tone Control: Independent Variations of Bass and Treble without Switches," *Wireless World*, pp. 402-405, October 1952.

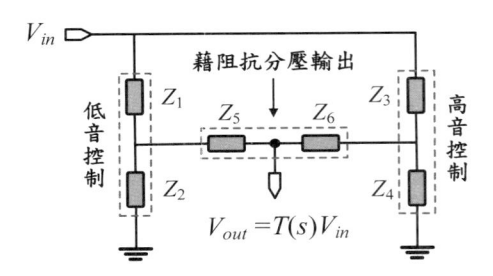

圖 4.1 巴森道爾(Baxandall)音質控制基本電路架構與原理：左右兩組具頻率選擇功能的可調增益的分壓阻抗分別控制高低音信號大小，再透過中間的阻抗分壓後並聯輸出。

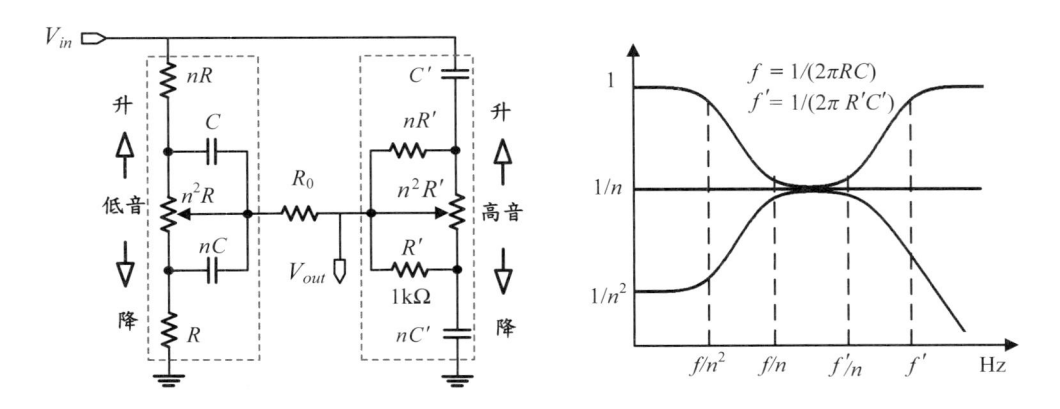

圖 4.2 RC 衰減型音質控制電路與典型的頻率響應增益圖，其中電位器為 A 類對數型。

$$低音增益 \approx \begin{cases} 1 & 右旋到底 \\ 1/n & 中間位置 \\ 1/n^2 & 左旋到底 \end{cases} \quad (4\text{-}1)$$

(4-1)式假設當旋鈕在中間位置時，對數型電位器分壓比例約為 $1/n$。這是個合理假設，因為對數型電位器當旋鈕在中間位置，阻值 R_x 約為電位器總阻值的 1/10 到 1/5，常見的 n 值也差不多在 5 到 10 之間。進一步可以推導轉移函數得出較詳細的頻率響應曲線。例如考慮圖 4.3 低音調最大的情形($R_x = n^2 R$)，

$$T_{Bass}(s) \equiv \frac{V_o(s)}{V_i(s)} = \frac{(n^2 R \parallel \frac{1}{nCs}) + R}{nR + (n^2 R \parallel \frac{1}{nCs}) + R} = \frac{nRCs + (1 + \frac{1}{n^2})}{(n^2 + n)RCs + (1 + \frac{1}{n} + \frac{1}{n^2})} \approx \frac{nRCs + 1}{n^2 RCs + 1} \quad (4\text{-}2)$$

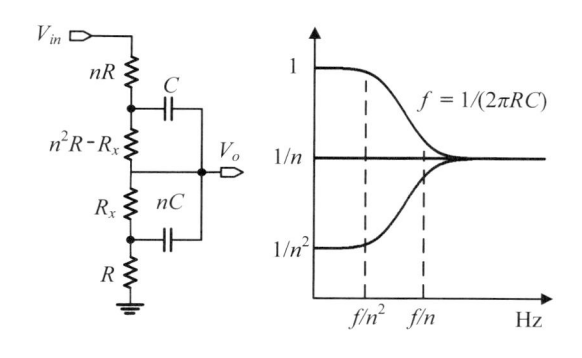

圖 4.3 低音部分控制電路及頻率響應增益圖。

表 4.1 低音控制電路在極低與極高頻近似增益及近似輸出阻抗

頻帶	旋鈕位置 R_x	右旋到底 n^2R	中間位置 nR	左旋到底 0
低頻	增益	1	$1/n$	$1/n^2$
	阻抗	nR	nR	R
高頻	增益	$1/n$	$1/n$	$1/n$
	阻抗	R	R	R

同理也可以得出圖 4.3 低音調中間及最小的近似轉移函數，整理如下

$$T_{Bass}(s) \equiv \frac{V_o(s)}{V_i(s)} \approx \begin{cases} \dfrac{nRCs+1}{n^2RCs+1} & \text{右旋到底 } (R_x = n^2R) \\ 1/n & \text{中間位置 } (R_x = nR) \\ \dfrac{n^2RCs+1}{n^3RCs+n^2} & \text{左旋到底 } (R_x = 0) \end{cases} \quad (4\text{-}3)$$

根據以上轉移函數可繪出對應的增益曲線圖。以(4-3)中右旋到底的轉移函數為例，轉移函數的分子分母的常數項比為直流增益 1；由分子分母的 s 項係數比可得高頻增益 $1/n$。另外極點 $1/(n^2RC)$ 與零點 $1/(nRC)$ 分別對應圖 4.3 上面那條頻率響應增益曲線的兩個轉折頻率。頻率由低到高，遇到極點，曲線往下彎；遇到零點，曲線往上彎：

$$\text{轉折頻率} = 1/(2\pi n^2RC),\ 1/(2\pi nRC)\ \text{Hz} \quad (4\text{-}4)$$

再以(4-3)左旋到底的轉移函數為例：分子分母常係數比得直流增益 $1/n^2$；分子分母 s 項係數比為頻率趨近無窮大的增益 $1/n$。另外由極點 $p = -1/(n^2RC)$ 及零點 $z = -1/(nRC)$ 位置，可知增益由低頻往高頻走，在零點頻率 $1/(2\pi n^2RC)$ 赫茲附近向上轉折，在極點頻率 $1/(2\pi nRC)$ 赫茲附近向下轉折，因此繪出圖 4.3 最下面那條曲線。

有了低音調整電路，高音調整電路就不難設計。首先利用 RC-CR 轉換[2]，將電路中電阻換成電容，電容換成電阻，透過這樣的轉換，可以把原本的低頻調整電路換成高頻調整電路。轉換後的電路依然必須保持上部阻抗為下部阻抗的 n 倍的關係，中間則同樣採 A 類對數型電位器，最後可得圖 4.4 的高音調整電路。概略分析：低頻時電容阻抗遠大於電阻阻抗，增益由電容分壓決定，低音增益約為 $C/(nC+C) \approx 1/n$。高頻時電容有如短路，增益由電位器旋鈕位置(分壓電阻 R_x)決定

---

[2] P. Su, *Analog Filters*, Kluwer Academic Publishers, 2nd Edition, p.204, 2002.

表 4.2 高音控制電路在極低與極高頻近似增益及近似輸出阻抗

頻帶	旋鈕位置 R_x'	右旋到底 n^2R'	中間位置 nR'	左旋到底 0
低頻	增益	$1/n$	$1/n$	$1/n$
	阻抗	$\dfrac{1}{j\omega nC'}$	$\dfrac{1}{j\omega nC'}$	$\dfrac{1}{j\omega nC'}$
高頻	增益	1	$1/n$	0
	阻抗	0	R'	0

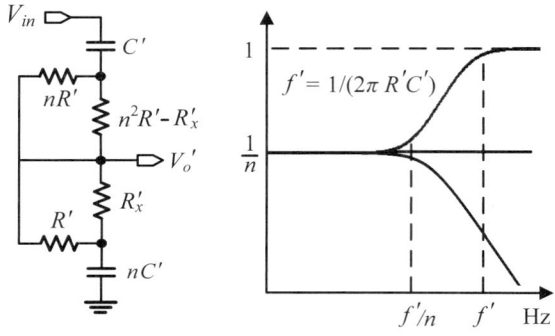

圖 4.4 高音部分控制電路及頻率響應增益圖。

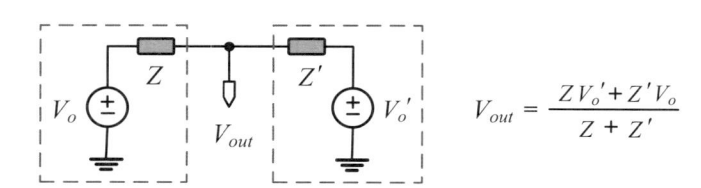

$$V_{out} = \frac{ZV_o' + Z'V_o}{Z + Z'}$$

圖 4.5 兩電路並聯輸出，輸出阻抗特別小的電路將主宰了最後輸出結果。

$$\text{高音增益} \approx \begin{cases} 1 & \text{右旋到底} \\ 1/n & \text{中間位置} \\ 0 & \text{左旋到底} \end{cases} \tag{4-5}$$

可以進一步推導三種情形的轉移函數：

$$T_{Treble}(s) \equiv \frac{V_o'(s)}{V_{in}(s)} \approx \begin{cases} \dfrac{nR'C's+1}{nR'C's+n} & \text{右旋到底 } (R_x' = n^2R') \\ 1/n & \text{中間位置 } (R_x' = nR') \\ \dfrac{1}{n^2R'C's+n} & \text{左旋到底 } (R_x' = 0) \end{cases} \tag{4-6}$$

同樣的可以由這兩個轉移函數得到如預期的低頻與高頻增益，由極零點可以得到轉折頻率，並繪出如圖 4.4 頻率響應增益圖。

$$\text{轉折頻率} = 1/(2\pi nR'C'),\ 1/(2\pi R'C')\ \text{Hz} \tag{4-7}$$

電吉他電路　　39

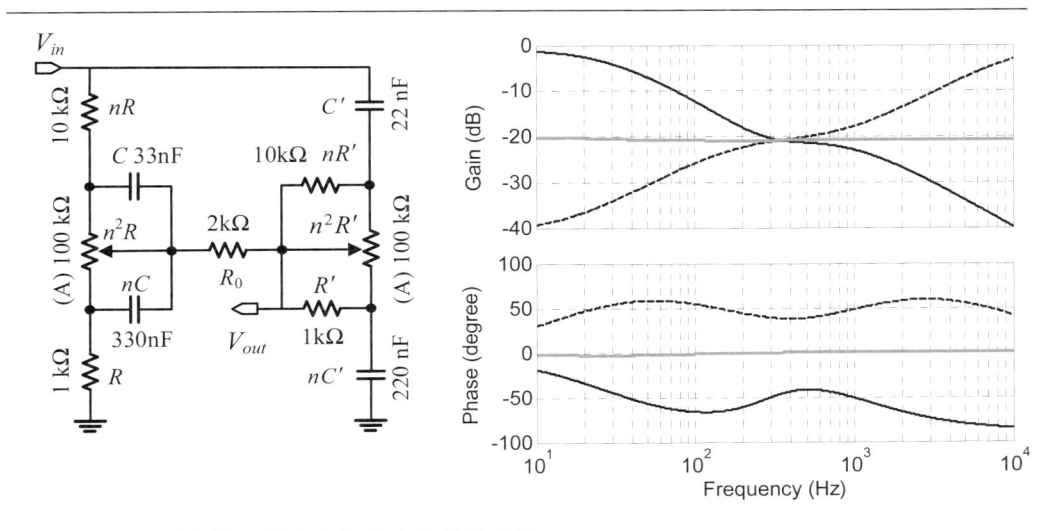

圖 4.6 衰減型音質控制電路參數及頻率響應圖。

分析了低音與高音調整電路後，我們來看一下如何組合兩電路的輸出信號，又不至於影響高低音獨立調整的功能。圖 4.5 顯示利用阻抗的分壓來作信號的組合。假設低音與高音調整電路分別用戴維寧等效電路(Thevenin Equivalent Circuit)表示，若直接連接兩電路的輸出點，則根據分壓定律，可以得到如圖 4.5 的組合輸出電壓表示。電路的輸出阻抗決定了組合的比例增益。設計重點是低音控制電路必須主宰低頻響應；高音控制電路則必須主宰高頻響應。

兩電路並聯輸出，輸出阻抗明顯較低的電路主宰了輸出信號。

圖 4.2 顯示這兩個電路透過一個 R_0 電阻做連接，並以高音調整電路的輸出做為最後的輸出。之所以做這樣的連接，是考量到兩部分電路的高低頻輸出阻抗的結果。表 4.1 及 4.2 分別顯示分析低音與高音調整電路在極低頻與極高頻的近似輸出阻抗。在低頻，低音調整電路的輸出阻抗約為 R 與 nR 間變動，視旋鈕角度而定；而高音調整電路的輸出阻抗由 nC' 電容主宰，低頻阻抗非常大。因此低音調整電路可以主宰低頻響應的輸出。在高頻，低音調整電路的輸出阻抗約為 R，而高音調整電路的輸出阻抗約在 R' 與 0 間變動，視旋鈕角度而定。由於高音調整電路的高頻輸出阻抗不夠小，如果直接將兩部分電路的輸出連接在一起，會造成兩輸出電壓透過輸出阻抗做分壓，因此高音調整電路無法主宰高頻響應。如果我們如圖 4.2 做連接，則由輸出看過去低音調整電路的阻抗提升到 $R + R_0$，比較不會影響到高頻響應。

【例 4.1】巴森道爾衰減型音質控制電路設計：以電吉他而言，中間頻率約為 600Hz 左右，設定中間頻帶約為 500~700Hz。選定如圖 4.6 的電路參數，根據(4-3)及(4-6)式得到頻率響應的四個估算的轉折頻率分別為 48Hz、482Hz、723Hz、7.23kHz。可推導確切的轉移函數，並用 Matlab 程式繪出波德圖，來進一步確認頻率響應。根據圖4.1(左)

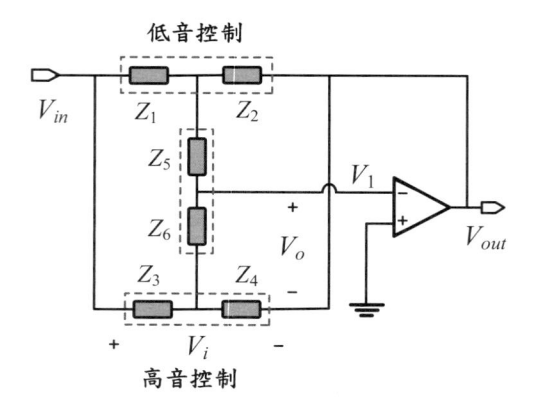

圖 4.7 巴森道爾增益型音質控制利用圖 4.1 的 RC 電路加運算放大器實現增益放大功能。

的符號,並比對圖 4.6,令 $Z_5=R_0$、$Z_6=0$,利用線性疊加原理,V_{out} 由兩路徑的信號組成,一個是 V_{in} 透過阻抗 Z_3,另一個是 V_{in} 透過阻抗 Z_1,分別對輸出產生影響,產生信號的疊加起來。首先考慮 V_{in} 透過阻抗 Z_3 對輸出的影響,利用分壓定律可得

$$V_{o,1} = \frac{Z'}{Z'+Z_3}V_{in}, \quad Z' = Z_4 \parallel (Z_5 + Z_1 \parallel Z_2)$$

考慮 V_{in} 透過阻抗 Z_1 對輸出的影響,同樣利用分壓定律可得

$$V_{o,2} = \frac{Z}{Z+Z_1}\frac{Z_3 \parallel Z_4}{Z_5+Z_3 \parallel Z_4}V_{in}, \quad Z = Z_2 \parallel (Z_5 + Z_3 \parallel Z_4)$$

疊加起來得到最後輸入對輸出的影響

$$V_{out} = V_{o,1} + V_{o,2} = \left(\frac{Z'}{Z'+Z_3} + \frac{Z}{Z+Z_1}\frac{Z_3 \parallel Z_4}{Z_5+Z_3 \parallel Z_4}\right)V_{in}$$

利用附錄 A.2 的 Matlab 程式繪製對應電路參數的頻率響應圖。圖 4.6(右)顯示程式所繪的波德圖,可清楚顯示低音調最大或最小,高音調最大或最小的頻率響應。由圖顯示中心頻率比預設值低,約在 400Hz,但整體而言符合需求。此例設定 $Z_5=R_0=2k\Omega$,也可以設定不同值並藉由程式,觀察不同 R_0 值所造成低音與高音控制的影響。 □

電吉他電路　　　41

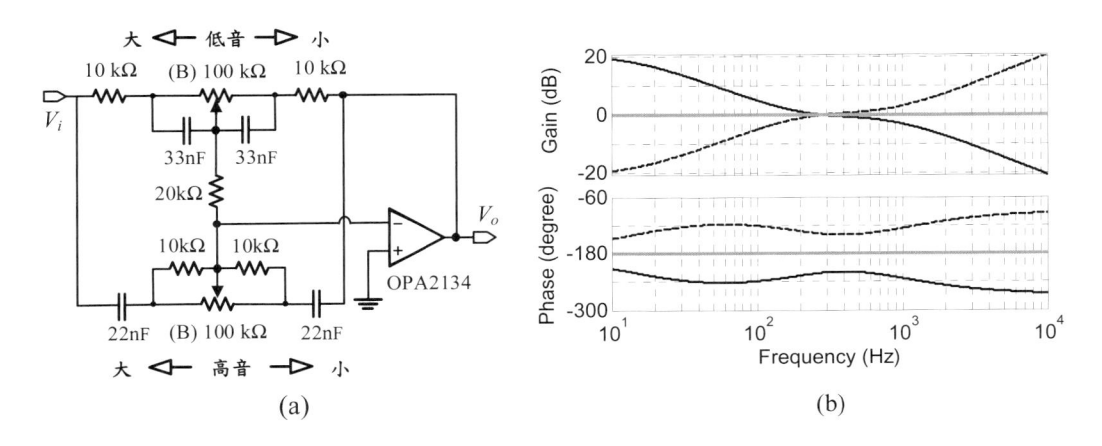

圖 4.8 (a)巴森道爾增益型音質控制電路；(b)頻率響應圖。

4.2　巴森道爾增益型音質控制電路

　　衰減型音質控制器最大的缺點是信號可能過度衰減，造成信號過於微弱，易受雜訊汙染。圖 4.7 的巴森道爾增益型音質控制器提供額外的信號放大，可以有效提升信號雜訊比。設計概念很簡單，將原本圖 4.1 的衰減型音質控制電路轉向，依照圖 4.7 的方式與運算放大器相接。假設圖 4.1 的衰減型音質控制電路的轉移函數為 $T(s)$，比對圖 4.1 與圖 4.7 發現，原本 RC 衰減電路的輸入跨壓在圖 4.7 變成 $V_i = V_{in} - V_{out}$；原本 RC 衰減電路的輸出跨壓在圖 4.7 變成 $V_o = V_1 - V_{out}$。也就是說，

$$T(s) = \frac{V_o(s)}{V_i(s)} = \frac{V_1(s) - V_{out}(s)}{V_{in}(s) - V_{out}(s)} \tag{4-8}$$

在運算放大器在負回授穩定的條件下，根據虛短路特性可知 $V_1 = 0$，代入(4-8)式得到增益型音質控制器輸入到輸出的轉移函數

$$\frac{V_{out}(s)}{V_{in}(s)} = \frac{-T(s)}{1 - T(s)} \tag{4-9}$$

　　藉由調整 RC 衰減電路的增益，可得到我們想要的結果。舉例來說，假設 T 的高低頻增益可調範圍在 1/11 至 10/11 間，當 $|T(j\omega)|$ = 10/11，則(4-9)式的輸入到輸出轉移函數增益為 10 (20 dB)；當 T 的增益約為 0.5 時，輸出增益約為 1 (0 dB)；當 T 的增益接近 1/11 時，輸出增益接近 1/10 (-20 dB)。由此例可知增益型音質控制器的 RC 分壓元件值選取與衰減型不同。原本的衰減型電路如圖 4.6，採取不對稱分壓，上部阻抗為下部阻抗的 n 倍，中間採對 A 類對數型電位器；增益型電路中的 RC 分壓電路則需採對稱分壓，選取 B 類線性型電位器，當旋鈕在中間位置時，剛好等分電阻，使整體

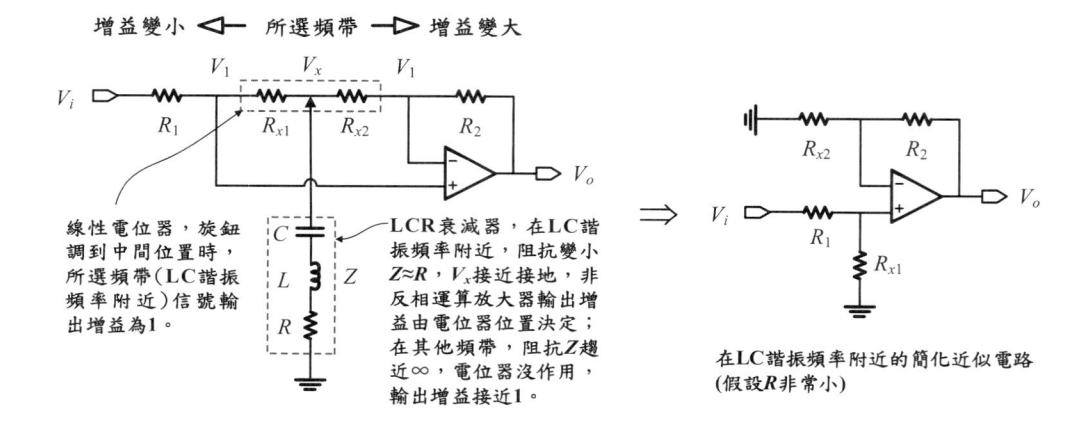

圖 4.9 運算放大器搭配 LCR 電路的等化器基本電路與原理。

增益接近 1。由以下設計例，可以更清楚衰減型與增益型音質控制電路中的 RC 分壓電路元件值的選取差異。

【例 4.2】巴森道爾增益型音質控制電路設計： 圖 4.8 為簡單的設計範例，將之前所介紹的衰減型音質控制電路加上運算放大器，接成反相放大器的型式。並將原本圖 4.6 的衰減型電路的元件值改為對稱分壓的型式，電位器也改採線性型(B 類)，得到如圖 4.8 增益型音質控制器。若要繪製頻率響應圖，可以將元件值代入範例 4.1 的程式得到可調分壓電路的頻率響應 $T(j\omega)$ 後，再代入(4-9)式，繪出如圖 4.8(b)的輸入到輸出的頻率響應圖。灰色線為高音與低音電位器的旋鈕皆置中；黑色實線代表低音調最大，高音調最小；虛線則是低音調最小，高音調最大。頻率響應曲線與原本圖 4.6 曲線很像，主要差異是增益提高了十倍(20dB)。實測電路，運算放大器選用頻寬為 8MHz 的 OPA2134，所得頻率響應圖與圖 4.8(b)非常吻合。　□

當有左右聲道需要同時控制兩個音質控制器時，需使用雙連電位器(Dual-Unit Potentiometer)，單一旋鈕同時控制兩組電位器，雙連線性型電位器往往比雙連對數型電位器更便宜且精準性較佳。因此，雙聲道音質控制選擇增益型電路，除了可放大信號外，另一個好處是有較好的對稱性與一致性。

4.3 等化器

早期電話長距離傳輸造成高頻的嚴重衰減，需要電路修正不同頻帶增益，達到理想中接近等值的平坦增益，使聲音更接近原音，此修正電路即稱等化器(Equalizer)。等化器有如多頻帶的音量調整器，可獨立調整不同頻帶聲音的大小，藉此調整或平衡不同頻率聲音成分，例如修正拾音器、麥克風、喇叭或甚至空間音場的頻率響應偏差，

電吉他電路

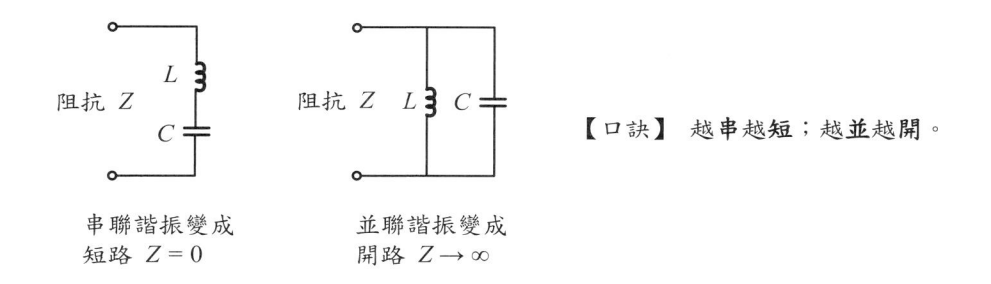

【口訣】 越串越短；越並越開。

串聯諧振變成
短路 $Z = 0$

並聯諧振變成
開路 $Z \to \infty$

圖 4.10 電感與電容在諧振頻率 $\omega = 1/\sqrt{LC}$ 的阻抗。以頻率 ω 交流電源輸入串聯 LC，電感電容產生諧振，兩個跨壓剛好大小相等且反相，互相抵消，合起來有如短路；並聯 LC 在諧振頻率，電感電容的電流剛好大小相等且反相，互相抵消，有如開路。

使整體的頻率響應符合我們的喜好。當然，等化器也可以特意降低或提升某頻帶的增益，來消除干擾雜訊或是凸顯某樂器或人聲的效果。

等化器電路非常多種，其中圖 4.9 電路容易理解與設計，非常受歡迎。其中運算放大器具有增益放大的功能，串聯 LCR 電路作為頻率選擇與濾波，電位器則可針對所選擇頻帶作增益調整。此設計運用圖 4.10 的串聯電感與電容的阻抗特性：

當 $\omega = 1/\sqrt{LC}$ 時，$Z_{L+C} = j\omega L + 1/(j\omega C) = j[\omega L - 1/(\omega C)] = 0$

此電路有趣的地方在於，對於極低頻與極高頻的輸入信號而言，串聯 LCR 有如開路，運算放大器兩輸入端需短路，迫使電位器上無電流流過，$V_o = V_i$，因此，不受電位器旋鈕位置的影響，增益皆為 1。若輸入頻率接近 LC 諧振頻率，$\omega = 1/\sqrt{LC}$，串聯電容電感產生諧振有如短路，LCR 阻抗 $Z = R$。如圖 4.9 右的概略分析，電阻值 R 遠小於其他阻值，V_x 電壓幾乎為零，電路有如非反相放大器，電位器可對諧振頻率附近的信號成分作增益的調整。電位器滑動接點往左調（R_{x1} 變小），輸出增益變小；電位器接點往右調，輸出增益變大。

詳細轉移函數分析如下：利用虛短路特性，兩輸入端電壓相等皆為 V_1，R_{x1} 與 R_{x2} 有如並聯般。V_1 電壓透過並聯電阻 $R_{x1} \| R_{x2}$ 與阻抗 Z 作分壓，可得到 V_x：

$$V_x = H V_1, \ H = Z / (R_{x1} \| R_{x2} + Z) \tag{4-10}$$

接下來，同樣利用分壓定律，V_o 與 V_x 透過兩電阻 R_2 與 R_{x2} 分壓出 V_1

$$V_1 = \frac{R_2 V_x + R_{x2} V_o}{R_2 + R_{x2}} \tag{4-11}$$

可得輸出電壓 V_o 與 V_1、V_x 的關係，並代入 (4-10) 式得

圖 4.11 日本 BOSS 公司為電吉他所設計的二倍頻圖示等化器，從 100Hz 開始，每二倍頻取一個頻帶，到 6.4kHz 共七頻帶，涵蓋整個電吉他頻寬。

$$V_o = \frac{R_{x2} + R_2}{R_{x2}}V_1 - \frac{R_2}{R_{x2}}V_x = \left[1 + \frac{R_2}{R_{x2}}(1-H)\right]V_1 \tag{4-12}$$

同理，V_i 與 V_x 透過兩電阻 R_1 與 R_{x1} 分壓出 V_1，可以將輸入電壓 V_i 表示成 V_1 的關係式

$$V_i = \frac{R_{x1} + R_1}{R_{x1}}V_1 - \frac{R_1}{R_{x1}}V_x = \left[1 + \frac{R_1}{R_{x1}}(1-H)\right]V_1 \tag{4-13}$$

電位器的總電阻值為 $R_x = R_{x1} + R_{x2}$。最後可以得到輸入到輸出的轉移函數

$$\frac{V_o}{V_i} = \frac{1 + (1-H)R_2/R_{x2}}{1 + (1-H)R_1/R_{x1}} = \frac{Z + R_{x1} \| R_{x2} + R_{x1}R_2/R_x}{Z + R_{x1} \| R_{x2} + R_{x2}R_1/R_x} \tag{4-14}$$

輸出增益取決於 LCR 的阻抗 Z，可得

$$\frac{V_o}{V_i} = \begin{cases} 1, & \text{當 } |Z| \to \infty \text{ (在極低或極高頻)} \\ \dfrac{R_xR + R_{x1}R_{x2} + R_{x1}R_2}{R_xR + R_{x1}R_{x2} + R_{x2}R_1}, & \text{當 } Z = R \text{ (在LC諧振頻率)} \end{cases} \tag{4-15}$$

檢視電位器不同位置對 LC 諧振頻率附近信號的增益影響，假設選擇 $R_1=R_2=9R$ 則

$$\frac{V_o}{V_i} = \begin{cases} R/(R+R_1) = 1/10, & R_{x1} \to 0 \quad (\text{增益最小}) \\ 1, & R_{x1} = R_{x2} \quad (\text{增益中間}) \\ (R+R_2)/R = 10, & R_{x2} \to 0 \quad (\text{增益最大}) \end{cases} \quad (4\text{-}16)$$

由上式在諧振頻率 $\omega = 1/\sqrt{LC}$ 處的增益分析，可以發現電位器須選 B 類線性型，當滑動接點在中間位置時，剛好等分兩邊電阻($R_{x1} = R_{x2}$)，增益為 1 或 0 dB，其 dB 值剛好在最高與最低增益的 dB 值的中間，符合人耳對響度的感受。另外，一般等化器的電位器會採用滑動型的推子來取代常見的旋鈕來改變滑動接點位置，如圖 4.11，推子越往上推，增益越高，視覺上可以很容易從不同頻帶的推子位置，概略看出頻率響應的增益曲線，符合直覺，非常方便操作使用，此類等化器也被稱為圖示等化器(Graphic Equalizer)。

接下來探討可以控制增益的頻率範圍，了解LCR頻率選擇器所影響的頻寬。首先將 LCR 的阻抗 Z 表示式寫出

$$Z(s) = Ls + R + \frac{1}{Cs} = \frac{LCs^2 + RCs + 1}{Cs} \quad (4\text{-}17)$$

選取 $R_1 = R_2 = nR$ ，並將 (4-17)代入(4-14)得到完整的輸入輸出轉移函數

$$\frac{V_o}{V_i} = \begin{cases} 1 - \dfrac{\frac{nR}{L}s}{s^2 + \frac{(n+1)R}{L}s + \frac{1}{LC}}, & R_{x2} \to 0 \quad (\text{增益最小}) \\ 1, & R_{x1} = R_{x2} \quad (\text{增益中間}) \\ 1 + \dfrac{\frac{nR}{L}s}{s^2 + \frac{R}{L}s + \frac{1}{LC}}, & R_{x2} \to 0 \quad (\text{增益最大}) \end{cases} \quad (4\text{-}18)$$

可以發現當增益調到中間位置，轉移函數為 1；增益調最大，為 1 加上一個最大增益為 n 的帶通轉移函數；增益調最小，則為 1 減最高增益為 n/(n+1) 的帶通轉移函數。圖 4.12 為典型的增益圖，最高與最低增益分別為 n+1 與 1/(n+1)。頻帶的頻寬定義為當增益調最大時的頻寬，約等於最高增益衰減約 3dB 處的兩頻率差。由此可知，頻帶特性是由(4-18)中增益最大中的帶通轉移函數所決定，此帶通轉移函數又跟 LCR 導納函數 Y 有關：

$$\text{標準二階帶通轉移函數} = \frac{as}{s^2 + bs + c} = \frac{\frac{nR}{L}s}{s^2 + \frac{R}{L}s + \frac{1}{LC}} = nR \times Y(s) \quad (4\text{-}19)$$

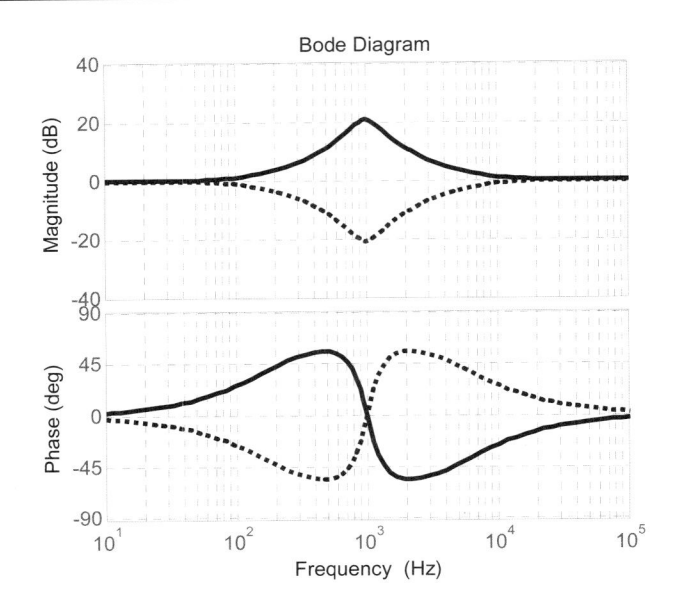

圖 4.12 單一頻帶的頻率響應：實線為增益調到最大；虛線為增益調到最小。中心頻率為 1kHz，頻寬為 500Hz，品質因數 Q=2，n=10。

因此，頻帶的中心頻率與頻寬等參數由 LCR 電路的諧振頻率與品質因數(Quality factor)決定：

$$\text{中心頻率} \quad f_0 = \frac{1}{2\pi\sqrt{c}} = \frac{1}{2\pi\sqrt{LC}} \quad \text{(Hz)} \tag{4-20}$$

$$\text{頻　　寬} \quad BW = \frac{b}{2\pi} = \frac{R}{2\pi L} \quad \text{(Hz)} \tag{4-21}$$

$$\text{品質因數} \quad Q = f_0 / BW = \frac{\sqrt{L}}{R\sqrt{C}} \tag{4-22}$$

可得結論：

串聯 RLC 電路決定了選取頻帶的中心頻率、頻寬及品質因數。

頻寬的設定與頻帶的分布間隔有關，頻帶間隔越小，自然每個頻帶的頻寬須越小，品質因數 Q 越大。每二倍頻取一個頻帶是常見的設計，如圖 4.11 的二倍頻等化器，則對應每個頻帶的串聯 LCR 電路的品質因數合理的選取範圍為 $1.5 \leq Q \leq 2$。

　使用了電感的多頻帶等化器體積會較大而笨重且昂貴，現代的音頻電路往往避免採用電感，這是因為跟其他元件比較起來，電感較貴、體積較大而笨重、特性較不理想、容易產生電磁干擾。所以，當我們需要實現一個大電感值時，往往會用運算放大器或電晶體搭配電容電阻來模擬出電感的功能，這樣的主動電路所模擬電感可以完全

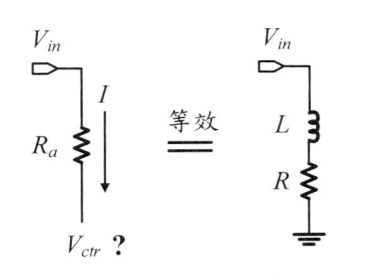

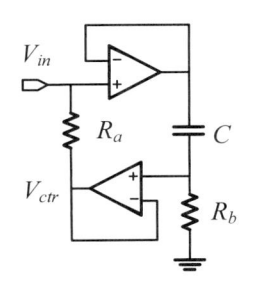

(a) 如何控制 V_{ctr} 使 R_a 有如一個電感串聯電阻 (b) 可能的電路設計

圖 4.13 (a)主動式電感設計問題；(b)電路設計：等效電感值 $L=R_aR_bC$ 與電阻值 $R=R_a$。

解決真實電感的缺失，使得多頻帶的等化器變得更便宜且品質更好。為設計出模擬電感的主動電路，考慮圖 4.13 的設計問題：電阻 R_a 一端接輸入，另一端接控制信號 V_{ctr}，何種控制信號會使輸入端看到等效阻抗 $Z(s)=Ls+R$，有如輸入端串接一個電感及電阻後連接到地。

$$I(s) = \frac{V_{in} - V_{ctr}}{R_a} \overset{希望}{=\!=\!=} \frac{V_{in}}{sL+R} \tag{4-23}$$

可推導出希望的控制信號為

$$V_{ctr} = \frac{Ls+(R-R_a)}{Ls+R}V_{in} \tag{4-24}$$

若令 $R_a = R$，則(4-24)為輸入電壓通過一階高通轉移函數。可以很容易的如圖 4.13(b)電路，利用電壓隨耦器(Buffer)及高通 RC 電路產生希望的控制信號

$$V_{ctr} = \frac{R_bCs}{R_bCs+1}V_{in} \tag{4-25}$$

比對(4-24)及(4-25)所產生的控制信號，可得所產生的等效串聯電感及電阻值

$$L = R_aR_bC, \ R = R_a \tag{4-26}$$

圖 4.13(b)電路使用了兩個電壓隨耦器，若要簡化電路，節省成本，可以省略任一個電壓隨耦器，形成如圖 4.14 的兩個簡化電路，此兩個電路皆可模擬出所需的串聯電感與電阻。但需特別注意，圖 4.14(a)的設計，需選 R_b 遠大於 R_a，使輸入端流過 R_b 的電流小到可以忽略，因此可以省去圖 4.13(b)輸入端原本的電壓隨耦器，而不影響功能。圖 4.14(b)則因省去控制信號端的電壓隨耦器，改變了輸入端的等效阻抗

$$L = R_aR_bC, \quad R = R_a \quad (a)$$

$$L = R_aR_bC, \quad R = R_a + R_b \quad (b)$$

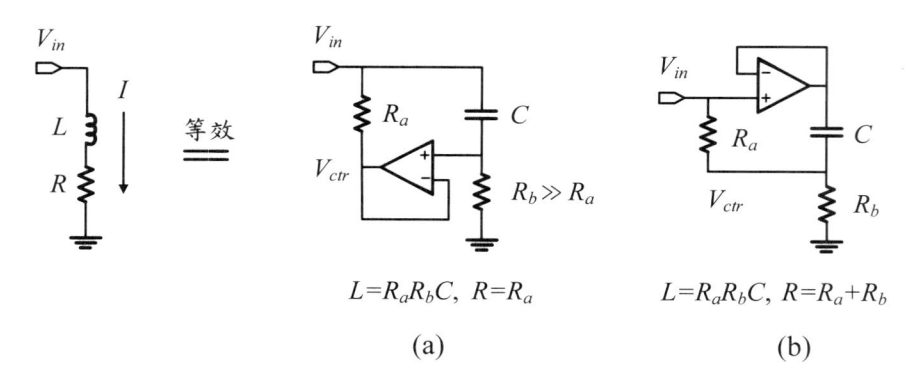

圖 4.14 兩個常見的主動式串聯電感與電阻電路。

$$Z_{eq} = V_{in}(s)/I(s) = (R_a + R_b) + R_aR_bCs \tag{4-27}$$

對應等效的串聯電感與電阻值為

$$L = R_aR_bC, \quad R = R_a + R_b \tag{4-28}$$

在了解單頻帶的增益調整後，要實現多個可調頻帶，可以在運算放大器的正負輸入端並聯多組電位器及LCR頻率選擇電路，即可針對多個頻帶調整增益，見圖4.15，並以下例作說明。

【例 4.3】七頻道電吉他等化器電路設計： 在電吉他的頻寬範圍內，每二倍頻一個頻帶，規劃頻帶的中心頻率約在 100Hz、200Hz、400Hz、800Hz、1.6kHz、3.2kHz、6.4kHz，共七個頻帶，選取品質因數 $Q \approx 1.75$，也就是每個頻道的頻寬約為中心頻率的 1/1.75 倍。採用圖 4.9 電路，在運算放大器差動輸入端並聯對應所規劃中心頻率的七組電位器及 LCR 電路。首先決定放大及衰減倍率約為 11 倍，選取 $n=10$，先固定每個 LCR 中的 $R=1\text{k}\Omega$，採用圖 4.14(a)的主動式電感設計，選擇 R_b 為百 kΩ 等級，遠大於 $R_a=R=1\text{k}\Omega$；利用(4.20) 及(4.22)根據所設定的中心頻率及品質因數 $Q \approx 1.75$ 來選取電容及等效電感值。每個頻帶可調放大倍率約為 10 倍，決定分壓電阻 $R_1=R_2=nR=10\text{k}\Omega$，並採用 10k$\Omega$ 線性 B 類電位器，最後得到如圖 4.15 電路及利用音頻分析儀 Audio Precision SYS-2712 所量測的增益圖。由增益圖可發現，當單一頻帶增益調最大，僅得約 8dB 的提升，比預期值 20dB 還小，主要原因是受到鄰近其他頻帶增益的牽制，拉低了增益。若鄰近頻帶增益也調到最高，則可得較高的增益。 □

電吉他電路

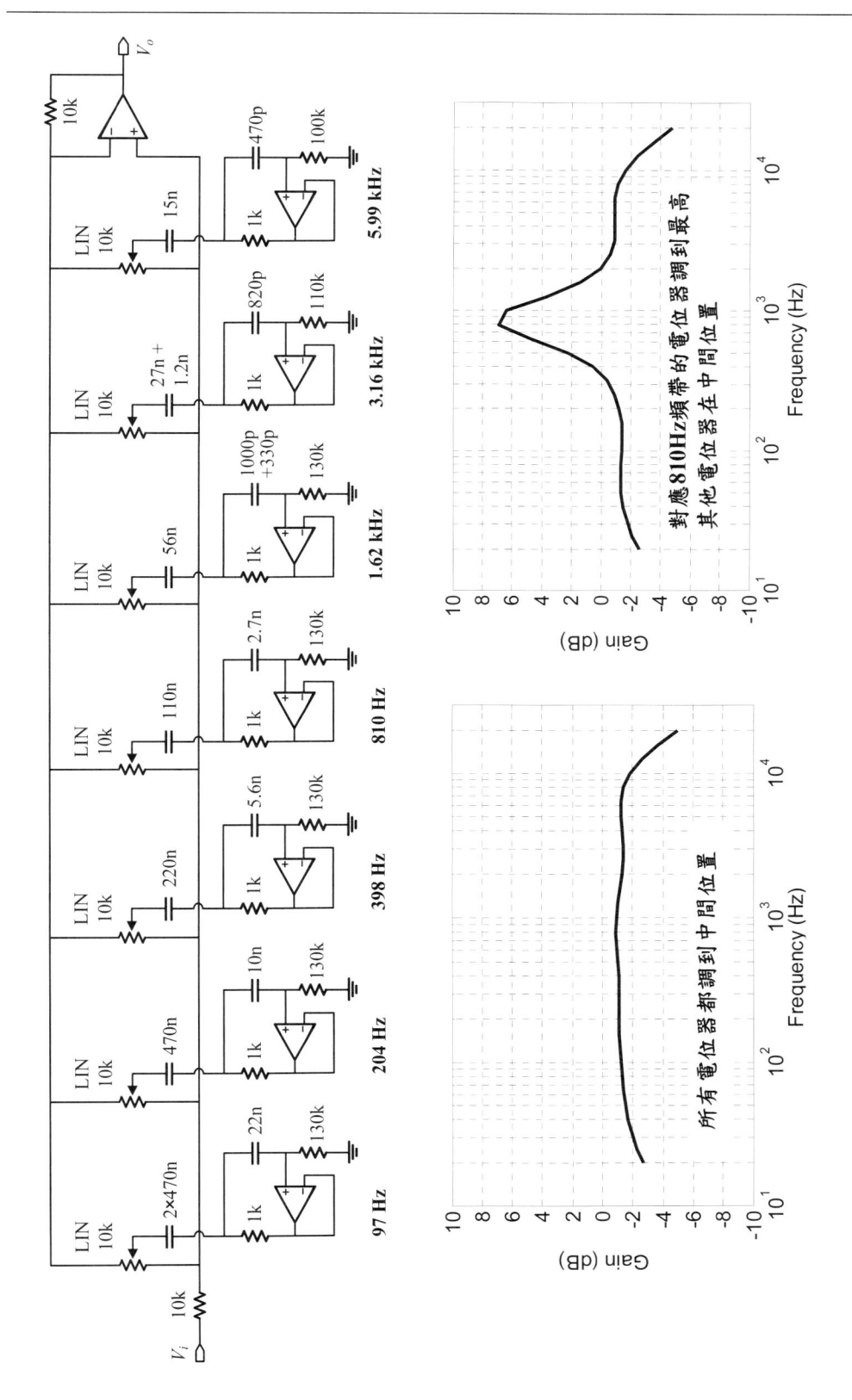

圖 4.15 七頻帶電吉他等化器（$Q=1.75$）及增益量測圖。

5

哇哇效果器

哇哇效果器可使樂器模擬人聲，發出宛如嬰兒『哇哇』作聲的效果。世界第一個哇哇踏板效果器出現於1966年11月，由美國加州的湯瑪斯風琴公司的工程師Bradley Plunkett發明設計，並於1970年通過專利的申請。此發明純粹是一個意外，在1965年，湯瑪斯風琴公司獲得授權在美國境內生產製造英國有名的Vox擴大機，20歲的Plunkett受命更改設計，以降低成本。Vox AC-100電吉他擴大機上有中頻放大的控制開關貴達4美元，Plunkett試圖用30分錢的電位器取代其開關，設計了一個可由電位器旋鈕控制頻率的帶通濾波器。完成後，請一個朋友試彈電吉他，奇妙的事發生了，當Plunkett來回旋轉電位器測試其頻率調整的功能時，喇叭發出哇哇哇的吉他聲，Plunkett與朋友四目相視後驚嘆『哇啊！這聲音真酷』。

5.1 哇哇效果器原理

哇哇效果(Wah-Wah Effect)可由帶通濾波器(Bandpass Filter)實現，將音訊通過帶通濾波器，並隨著樂曲節奏改變帶通濾波器的頻率，可使樂曲聽起來有『哇哇』聲，類似幼兒哇哇學語或嬰兒哭聲的效果。

圖 5.1 為典型帶通濾波器的增益圖，三個最重要參數分別為：中心頻率 ω_0、最高增益 G、頻寬 BW。中心頻率為最高增益處的頻率，最高增益的$1/\sqrt{2}$ 倍 (或增益少約3dB) 處的頻率定義為截止頻率(Cutoff Frequency)，如圖 5.1 兩截止頻率的差則為頻寬。典型的二階帶通濾波器轉移函數如下

$$T(s) = \frac{as}{s^2 + bs + c} , \qquad (5\text{-}1)$$

對應此轉移函數的係數，帶通濾波器的重要參數決定如下

$$\text{中心頻率：} \omega_0 = \sqrt{c} \text{ rad/s} ; \qquad (5\text{-}2)$$
$$\text{最高增益：} G = a/b ; \qquad (5\text{-}3)$$
$$\text{頻　　寬：} BW = b \text{ rad/s} ; \qquad (5\text{-}4)$$

以上頻率公式為角頻率，每秒的相位角變化，由於一周期涵蓋角度為 2π，若要換成一秒幾周期的頻率，需除以 2π。也就是 $f_0 = \omega_0/(2\pi)$，單位為 Hz(赫茲)。帶通濾波器會強調中心頻率的聲音，一般中心頻率的變動範圍約在 400 赫茲到 2.2 千赫茲之間。若伴隨著樂曲隨時間改變帶通濾波器的中心頻率可使樂器產生有如嬰兒哇哇學語的效果。

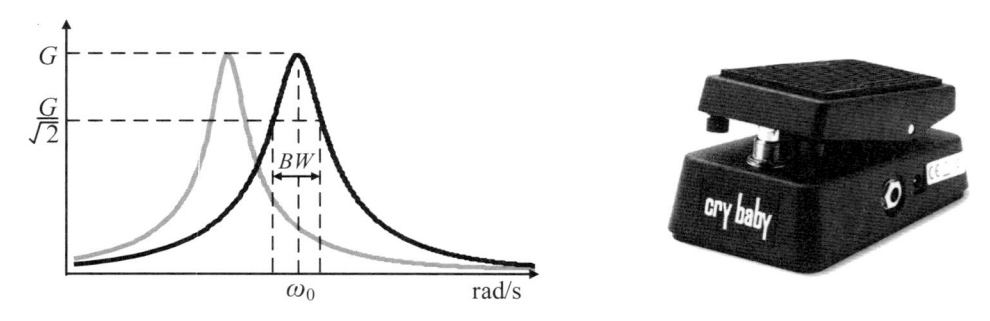

圖 5.1 典型帶通濾波器的增益圖。將音樂通過帶通濾波器，並隨節奏腳踩踏板(右圖)，藉由改變踏板角度，改變帶通濾波器中心頻率 ω_0，可發出有如幼兒哇哇學語的效果。

5.2 LCR 哇哇器

圖 5.2(a)的帶通電路包含電感、電容、電阻，電感將低頻信號短路至地，電容則將高頻信號短路到地，因而衰減低頻與高頻信號。另外，還記得我們在第四章所背的口訣嗎(見圖 4.10)?【越**串**越**短**，越**並**越**開**】並聯的電感與電容若發生諧振，表現有如開路，圖 5.2(a)在電感與電容諧振頻率產生最大的增益，信號通過兩電阻分壓到輸出。完整的輸入到輸出的轉移函數如下

$$T(s) = \frac{\frac{1}{R_1 C}s}{s^2 + (\frac{1}{R_1 C} + \frac{1}{R_2 C})s + \frac{1}{LC}} \tag{5-5}$$

此為典型的二階帶通濾波器。電感與電容的諧振頻率即為帶通濾波器的中心頻率：

$$f_0 = \frac{\omega_0}{2\pi} = \frac{1}{2\pi\sqrt{LC}} \quad \text{Hz} \tag{5-6}$$

欲改變中心頻率產生哇哇器的效果，必須使電感或電容值變成可調。市售可變電感或電容值過小且變化範圍不大，較不適合音頻的應用。

另一個較可行並常見的作法是利用米勒效應(Miller Effect)放大並改變電容值。如圖 5.2(b)，將電容一端的電壓 V 放大負 k 倍迴授到電容另一端，使得電容所需的充放電電流變大，有如將電容值放大。由電容阻抗的定義

$$\frac{1}{sC_1} = \frac{(1+k)\,V(s)}{I(s)} \tag{5-7}$$

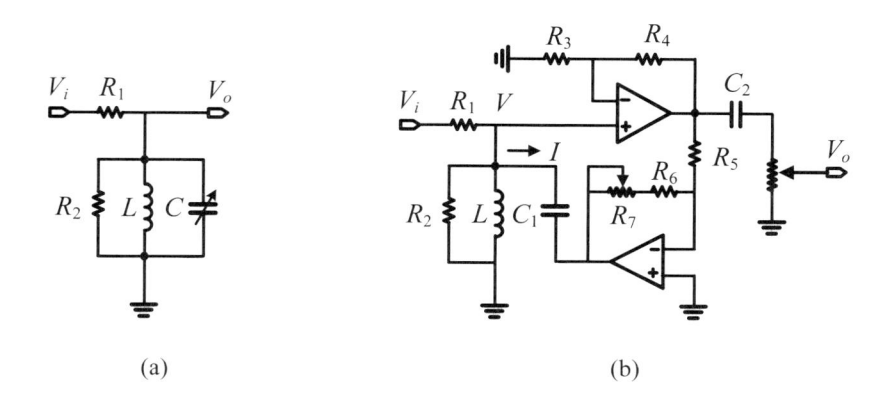

圖 5.2 LCR 哇哇效果器 (a) LCR 帶通電路，調整電容值可改變中心頻率；(b)利用米勒效應，改變電容等效值 $C=(1+k)C_1$, $k=(1+R_4/R_3)*(R_6+R_7)/R_5$，其中 R_7 為可變電阻。

則由電容端點 V 所看到的等效阻抗為

$$\frac{V(s)}{I(s)} = \frac{1}{sC_1(1+k)} \quad \Rightarrow \quad C_{eq} = C_1(1+k) \tag{5-8}$$

有如看到一個放大 $1+k$ 倍的電容值，改變負迴授增益 k 可改變等效電容值。

第一個 Cry baby 哇哇效果器是在 1966 年由 VOX/Thomas 公司所設計製造，原理如本節所介紹的頻率可調 LCR 帶通濾波，但用電晶體來實現放大器。後來在 1982 年左右，鄧祿普(Dunlop)公司仿照此電路設計生產 Cry baby 哇哇效果器，至今依然大受歡迎，鄧祿普使用特殊的法賽爾電感(Fasel Inductor)，此種電感線圈所繞的鐵心具有某些殘磁或剩磁(Residual magnetism)，使得某極性電流比另一極性更容易飽和，因而產生非對稱的截波，產生豐富的諧波音染，使聲音更加飽滿(第七章對非對稱截波所產生的諧波有更詳盡的介紹)。目前市面上可買到紅色與黃色兩款法賽爾電感：紅色有更多的諧波失真，聲音較厚實；黃色較無過多的音染，聲音較乾淨。

5.3　IGMF 哇哇器

哇哇器中的可調帶通濾波器有多種不同的設計，其中一種是利用無窮增益多迴授 (Infinite-Gain Multiple-Feedback，IGMF)的濾波器架構作設計，如圖 5.3(a)，利用運算放大器的開迴路無窮增益搭配 RC 電路作多迴路回授。在低頻時，電容 C_1 為幾乎為開路，阻隔輸入信號，運算放大器輸出幾乎為零；在高頻時，C_1 與 C_2 幾乎為短路，將輸出短路到負端輸入，負端又虛短路至正端零電準位，使得運算放大器輸出幾乎無高頻信號。因此這是一個可衰減低頻及高頻的帶通濾波器。

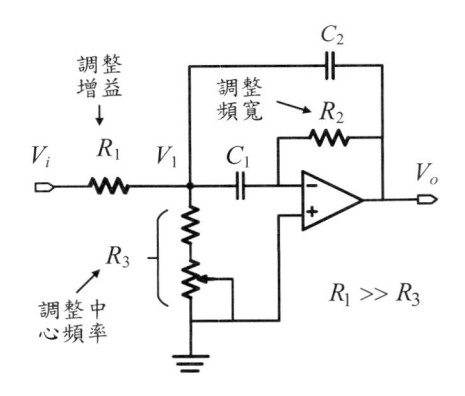

圖 5.3 無窮增益多迴授帶通電路，調整 R_3 值可改變中心頻率。

為簡化設計，假設 $C_1 = C_2 = C$，詳細的轉移函數推導如下：首先，流出節點 V_1 的電流和為零(克希荷夫電流定律)，得到方程式

$$\frac{V_1 - V_i}{R_1} + \frac{V_1}{R_3} + sC(V_1 - V_0) + sC_1 V_1 = 0 \tag{5-9}$$

另外，流過 C_{12} 的電流等於流過 R_2 電流，得到 V_1 與 V_o 關係式。

$$sCV_1 = -\frac{V_o}{R_2} \Rightarrow V_1 = -\frac{V_o}{R_2 Cs} \tag{5-10}$$

將(5-10)式代回(5-9)得

$$\left[R_1 R_2 C^2 s^2 + 2R_1 Cs + (1 + R_1/R_3) \right] V_o = -R_2 Cs V_i \tag{5-11}$$

整理一下得到輸入到輸出的轉移函數

$$T(s) = \frac{-\frac{1}{R_1 C}s}{s^2 + \frac{2}{R_2 C}s + \frac{1}{R_2(R_1 \| R_3)C^2}} \tag{5-12}$$

很明顯，這是一個帶通濾波器。根據(5-2)到(5-4)公式，給定電容值 C，則 R_2 決定頻寬，R_1 決定中心頻率增益。假設選擇 $R_1 \gg R_3$，則 $R_1 \| R_3 \approx R_3$，中心頻率可近似為

電吉他電路

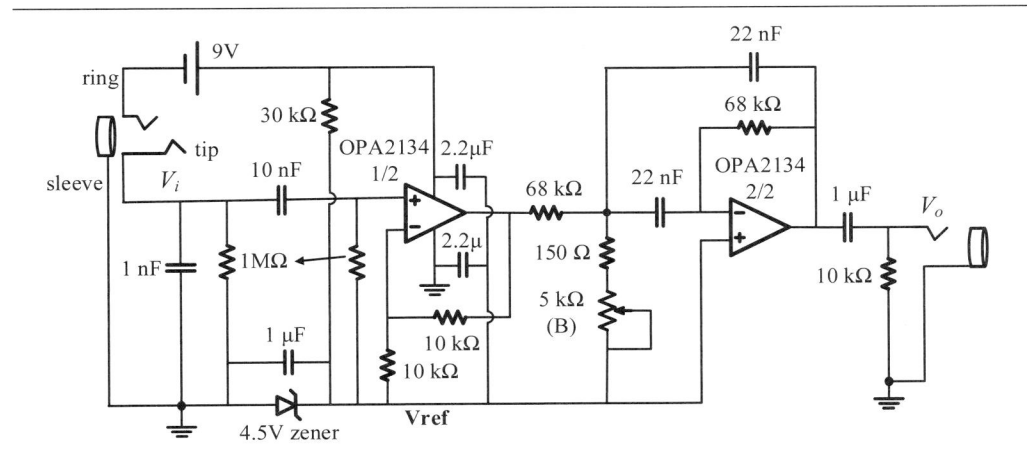

圖 5.4 哇哇效果器電路設計

$$f_0 \approx \frac{1}{2\pi C\sqrt{R_2 R_3}} \text{ Hz} \tag{5-13}$$

在不影響增益及頻寬下，我們可以藉由改變 R_3 來調整中心頻率。

【例 5.1】圖 5.4 為利用無窮增益多迴授帶通濾波器所設計的哇哇效果器。首先注意音源輸入端，這裡有一個很棒的省電設計，音源線插入自動接通電池而啟動電源，音源插頭拔出則自動關閉電源。設計概念很簡單，音源輸入孔採用 1/4 吋(6.35mm)雙聲道音訊插座，但音訊插頭則為單聲道插頭。由於插座有三個金屬接點：地環 (Sleeve 接地)、中環 (Ring 接電池負端)、音訊環 (Tip 接輸入音源信號)；但插頭僅有兩個金屬環—音訊環(Tip)及地環(Sleeve)。當音源線插入，插頭的地環會同時接觸插孔座的中環及地環，使電池負端連接到地，自動使 9V 電池接地啟動電源；插頭拔出則電池負端浮接，自動關閉電源，不會浪費電。

電路包含四個組成：齊納二極體穩壓電路、RC 濾波器、非反相放大器、IGMF 帶通濾波器。4.5V 的齊納二極體搭配電阻與電容製造出穩定的 4.5V 參考電壓。輸入端的 RC 濾波電路阻絕直流並濾除高頻雜訊，並搭配一個增益為 2 的非反相放大器，提供低阻抗輸出信號。接著是 IGMF 可調帶通濾波器產生哇哇效果，選擇 $C=22$nF、$R_1 = 68$kΩ、$R_2 = 68$kΩ、$R_3 = 150$Ω$+5$kΩ，滿足 $R_1 \gg R_3$。頻寬固定為 $1/(\pi R_2 C) =$ 213 赫茲。根據(5-13)，代入 R_3 可調範圍 150Ω 到 5150Ω，得出中心頻率的變動範圍

$$f_0 \approx \frac{1}{2\pi C\sqrt{R_2 R_3}} = \begin{cases} 387 \text{ Hz, 當} R_3 = 5150 \\ 2265 \text{ Hz, 當} R_3 = 150 \end{cases}$$

非反相放大器增益 2，帶通濾波器中心頻率增益 $R_2/(2R_1) = 0.5$，合起來增益 1。 □

6

相位移效果器

早期錄製唱片若希望人聲更飽滿會採用雙聲軌(Double Tracking)錄製效果，需要在錄音室反覆錄音，產生歌手自己與自己合唱的效果。1966年英國搖滾樂團披頭四(Beatles)的成員約翰藍儂(John Lennon)厭煩這種反覆的錄音工作，問錄音工程師肯·湯森(Ken Townsend)有沒有不需反覆錄音就可產生雙聲軌效果的方法。肯·湯森晚上結束工作開車回家突然間有了想法，他以手碰觸錄放音機的磁帶盤(Real Tape Flange)，此動作後來被稱作Flanging，使播放原音的速度，時而變慢時而變快，試圖與另一個正常速度的原音同步混音，產生有如歌手試圖與原音合唱的效果，結果約翰藍儂非常滿意這樣的效果。其實在更早的音樂家如萊斯·保羅(Les Paul)及巴迪·霍利(Buddy Holly)在1950年代也嘗試過類似的錄音效果。發展到今日，我們會將原音訊號經過延遲後與原音作疊加，造成有些頻率相同而音量加倍，有些頻率相位相反而抵消。若週期性改變延遲時間，將改變加成與抵消的頻率，帶來有如噴射機來回飛行的音效。這樣的音效沿用早期用語稱為Flanging，其效果器則稱Flanger。一般類比電路比較難實現延遲電路，所以常會用多級的相位移電路來產生類似延遲的功能，但這樣的效果器所產生的聲音與Flanger的聲音又不盡相同，所以後來就將用相位器製作的音效電路稱為相位移效果器(Phaser)。

6.1 相位移效果器原理

相位移效果器(Phaser)可以模擬早期電吉他手利用旋轉喇叭在空間中所造成的聲音波動與循環的感覺，不同旋轉速率可搭配不同曲風與節奏產生不一樣的感覺。圖6.1(a)顯示相位移效果器的組成，包括(1)相位移電路；(2)信號加法器；(3)低頻振盪電路。原理是將未經處理的原信號(Dry Signal)及其通過相位移電路後的信號(Wet Signal)相加，相位移電路類似延遲的效果，造成兩信號在有些頻率大小相同但相位相差 180 度而互相抵銷，在某些頻率信號因為同相位相加造成信號放大，相加後的輸出頻率響應形成有如圖 6.1(b)梳狀的增益曲線。改變信號相加的增益可調整兩信號抵銷或加成的程度，當原信號與經相位移信號的增益相同時，可產生最深的梳狀濾波衰減效果，因此這個相加增益調整旋鈕常見的英文標示為 Depth(深度)。低頻振盪電路產生三角波或弦波信號來週期性改變全通相位移電路的相位移，因而影響梳狀濾波頻率，週期振盪頻率可由可變電阻調整，此可變電阻旋鈕的常見的英文標示為 Rate(速率)。

相位移效果器為一個可隨時間改變濾波頻率的梳狀濾波器(Comb Filter)。

梳狀濾波器若隨時間週期性的改變濾波頻率，可模擬出聲音跑動如水波循環波動的感覺，因此也有人稱此種效果器為水聲效果器。為什麼週期性改變濾除頻率會有聲

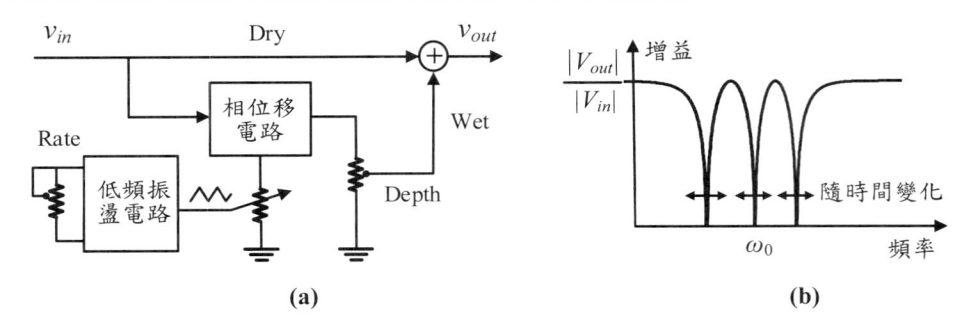

圖 6.1 相位移效果器：(a)組成架構示意圖；(b)梳狀濾波增益圖。振盪電路週期性的改變相位移電路的相位移，使梳狀濾波的中心頻率 ω_0 也隨之作週期性變化，造成聲音跑動的效果。**Rate** 調整振盪器頻率改變聲音跑動的速率，**Depth** 控制梳狀濾波的深度。

音來回跑動的感覺呢?主要是與我們人耳聽聲辨別方位的方式有關。當音源在左右不同方位，可由兩耳所接收到的聲音時間延遲與音量差異辨別音源方向；但若音源在正前方的不同仰角方向，則因為缺乏了兩耳的聲音差資訊，較難判斷方位。在這種狀況，我們的聽覺系統發展出另一種方式來聽聲辨位，我們借助耳廓對不同方位聲音有不同濾波效果來辨別方向。耳廓對聲音的不規則反射會使得某些頻率聲音產生破壞性干涉，某些頻率產生建設性干涉，產生類似梳狀濾波效果[1]。耳廓對不同仰角的聲音產生不同頻率的濾除效果。人腦藉助於這些頻率資訊辨別出聲音在不同仰角的方位。相同原理，若設計電路產生如圖 6.1(b)的梳狀增益曲線，並動態的改變梳狀濾波頻率；將聲音訊號通過此電路，可使人耳產生聲音方位跑動的錯覺。

6.2　全通相位移電路

相位移效果器中的核心電路為多個串接的一階相位移電路，串接數目越多效果越明顯。圖 6.2 顯示一階相位移電路及相位對頻率響應圖。此種電路在不同頻帶的增益皆為固定值 1，所以此電路也叫全通濾波器(All-Pass Filter)，所有頻率的信號皆會通過；全通電路主要是造成信號的相位移，功能類似一個延遲電路，不同頻率信號會有不同的相位移，在此例中低頻有 0 度相位移，在高頻則有-180 度相位移。

詳細全通相位移電路的轉移函數與頻率響應函數推導如下：由圖 6.2(a)，根據運算放大器負迴授的虛短路特性，負端輸入與正端輸入電位相等

$$V^+(s) = V^-(s)，\tag{6-1}$$

$$V^+(s) = \frac{1}{RCs+1}V_i(s)，\quad V^-(s) = \frac{1}{2}V_i(s) + \frac{1}{2}V_o(s) \tag{6-2}$$

---

[1] S. Spagnol, M. Geronazzo, and F. Avanzini, "On the Relation between Pinna Reflection Patterns and Head-Related Transfer Function Features," *IEEE Transactions on Audio, Speech, and Language Processing*, vol. 21, no. 3, pp. 508-519, March 2013.

(a)

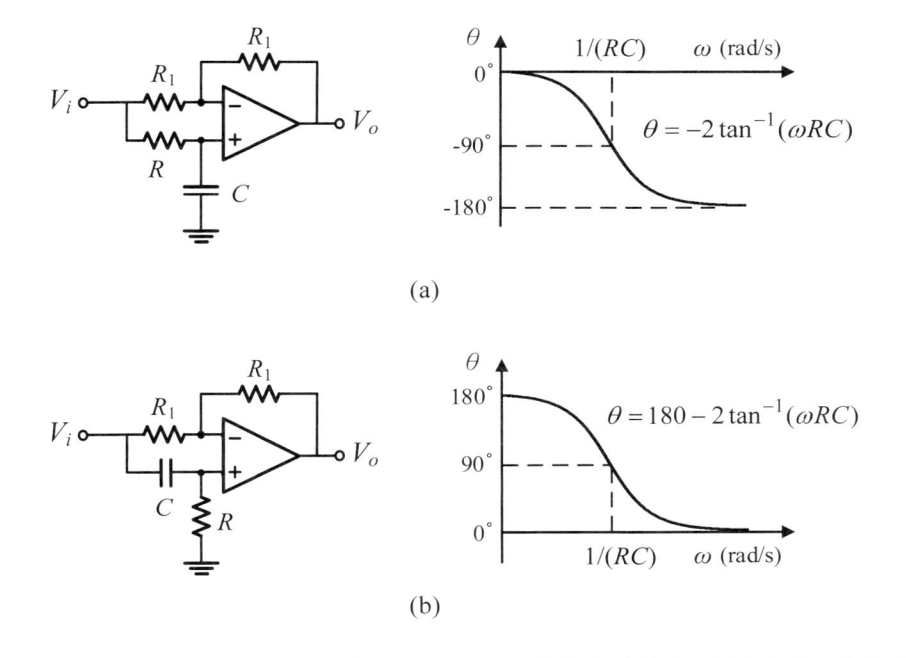

(b)

圖 6.2 一階全通相位移電路及相位圖：(a)(b)兩個電路的轉移函數僅相差一個負號。

可得轉移函數

$$T(s) \equiv \frac{V_o(s)}{V_i(s)} = \frac{-RCs+1}{RCs+1} \tag{6-3}$$

很有趣的，全通濾波器的特徵是極零點會對稱於虛軸，使得增益在全頻帶皆為定值。將變數 s 代入 $j\omega$ 可得頻率響應函數

$$T(j\omega) = \frac{-j\omega RC+1}{j\omega RC+1} = 1\angle -2\tan^{-1}(\omega RC) \tag{6-4}$$

增益如預期在所有頻率皆為 1，相位則繪於圖 6.2(a)。此電路類似延遲作用，製造信號的相位落後。定義中心頻率為 RC 時間常數的倒數，$\omega_0 = 1/(RC)$，一階全通相位移電路在中心頻率時會製造 $-90°$ 的相位移。但全通相位移電路所造成的相位移與延遲所製造的相位移還是不盡相同，理想延遲所製造的相位移為線性相位移（延遲位移量 θ 為頻率 ω 的線性函數：$\theta = -\tau\omega$，其中 τ 為延遲時間）；全通相位移電路相位落後並非線性相位移。

圖 6.1 顯示，原信號與其通過多個一階全通相位移電路的輸出信號相加，兩信號會在某些頻率相位剛好相反而互相抵銷，在某些頻率剛好同相而信號加倍。一階相位移電路的串接數目 N 稱為級數。通常相位移效果器的級數 N 為偶數，因為奇數個相位

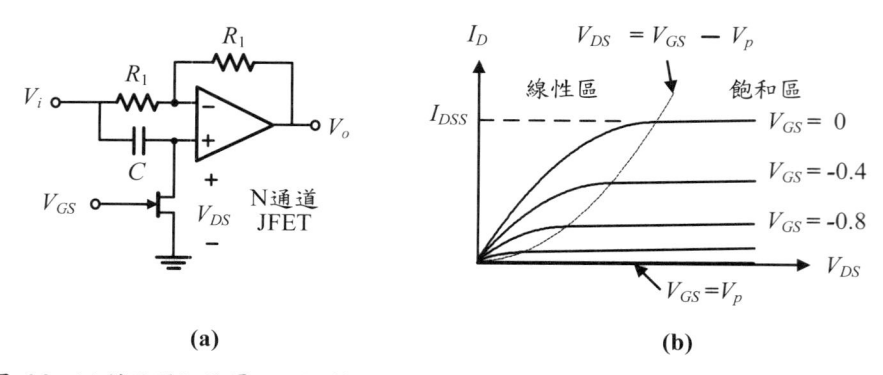

圖 6.3 (a)利用閘極電壓 V_{GS} 控制 N 通道 JFET 的導通阻值，來調變一階全通相位移電路的相位；(b) N 通道 JFET 的電流電壓特性曲線：在線性區，改變 V_{GS} 可改變曲線斜率(電阻倒數)。

移器所產生的梳狀濾波器會造成低頻或高頻過份衰減(視採用圖 6.2 哪一種相位移電路而定)，使聲音太單薄或太暗。偶數級數的相位移器不管採用圖 6.2(a)或(b)哪一個相位移電路，所得到的頻率響應或效果皆相同。一般相位移效果器越多級可產生越強的效果，也就越像延遲所造成的如噴射機來回飛行的音效。歸納級數與梳狀濾波關係如下：

> 相位移效果器一般採偶數級數 N，可產生 $N/2$ 個增益衰減頻帶，$N/2+1$ 個增益倍增帶，梳狀濾波的中心頻率為 $\omega_0 = 1/(RC)$。

【例 6.1】四級全通相位移電路：假設相位移效果器含有四個串接的相同一階相位移電路。每個一階相位移電路最多貢獻180°的相位移，四個最多產生 $4 \times 180°$ 的相位移，與原信號相加所造成的效果，從低頻到高頻分別經歷

　　　　0°(同相加倍)、$1 \times 180°$(反相抵銷)、$2 \times 180°$(同相加倍，中心頻率)、
　　　　$3 \times 180°$(反相抵銷)、$4 \times 180°$(同相加倍)

形成如圖 6.1(b)的梳狀濾波效果。如預期，級數 $N=4$ 造成有 $N/2=2$ 個增益衰減帶、$N/2+1=3$ 個增益倍增帶，梳狀濾波的中心頻率 $\omega_0 = 1/(RC)$ 在此例是中間倍增頻帶的峰值頻率。　□

同步改變 N 級相位移電路的中心頻率 $\omega_0 = 1/(RC)$，可調變梳狀濾波中心頻率，透過阻值 R 的改變可達到此目的。為改變阻值 R，一般採用圖 6.2(b)的一階相位移電路，將接地電阻 R 換成一個壓控電阻(Voltage-Controlled Resistor)，接地的壓控電阻可有較簡單的控制電路。藉由控制電壓信號調變阻值 R，來改變梳狀濾波頻率。中心頻率的調變範圍一般在 100Hz 到 2kHz 之間。

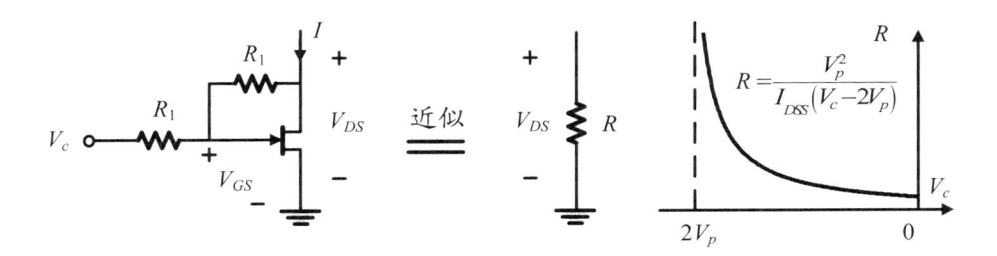

圖 6.4 利用閘極分壓電路提升壓控電阻 R 的線性度，使 R 值不受 V_{DS} 的影響。選取 R_1 遠大於 R，降低分壓電路的分流比例，使電流 I 幾乎等於電晶體電流。

6.3 壓控電阻

壓控電阻(Voltage-Controlled Resistor)常見的實現方法，是將場效電晶體(Field Effect Transistor, FET)操作在線性區。場效電晶體在線性區，表現的有如理想電阻一般，可利用閘極電壓控制阻值。圖 6.3 顯示典型的 N 通道接合型場效電晶體(JFET)在不同閘極電壓 V_{GS} 下的電流電壓特性曲線，當 $V_{GS} - V_p > V_{DS}$ 時電晶體操作在線性區。當 $V_{GS}=0$ 時，當 V_{DS} 很小，導通電流約正比於 V_{DS}，圖 6.3 對應曲線斜率大，等效阻值小；隨 V_{DS} 越來越大，電流逐漸飽和，最後飽和電流為 I_{DSS}。當 V_{GS} 越負，等效阻值越大；直到當 $V_{GS}=V_p<0$，電晶體不導通，也因此 V_p 稱為夾止電壓(Pinch-off voltage)。在線性區，電晶體電流對電壓關係式如下

$$I_D = \frac{I_{DSS}}{V_p^2}\left[2(V_{GS}-V_p)V_{DS} - V_{DS}^2\right] \tag{6-5}$$

電晶體的電導（電阻 R 的倒數）可以定義為

$$\text{電導}\quad \frac{1}{R} = \frac{I_D}{V_{DS}} = \frac{I_{DSS}}{V_p^2}\left[2(V_{GS}-V_p) - V_{DS}\right] \tag{6-6}$$

飽和電流 I_{DSS} 越大，阻值越小。夾止電壓 $|V_p|$ 越大，可以控制的動態電阻範圍越大。多級一階相位移電路的相位控制時，需注意 JFET 的特性匹配：

> 單一電壓控制多個 JFET 電阻，為求一致性，需要匹配 JFET 的參數，使電晶體彼此間的參數 I_{DSS} 與 V_p 差異不大。

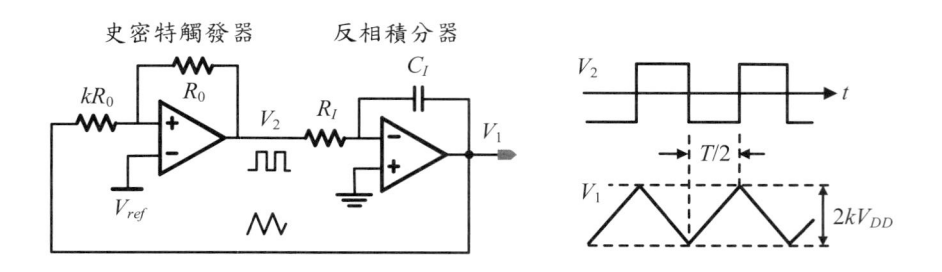

图 6.5 弛緩振盪器由史密特觸發器及反相積分器串接形成一個振盪迴路。

【例6.2】提升壓控電阻線性度： 需改善壓控電阻 R 的線性度時，可以將電晶體的閘極接成圖6.4，使得閘極電壓變為 $V_{GS} = 0.5(V_c + V_{DS})$，得以消除(6-6)中的 V_{DS} 項。需選取 R_1 遠大於 R，忽略閘極分壓電路的電流所造成的負載效應，則電導為控制電壓 V_c 的線性函數

$$\frac{1}{R} = \frac{I_{DSS}}{V_p^2}(V_c - 2V_p) \tag{6-7}$$

電導值與 V_{DS} 無關，可有效提升電晶體接近飽和區時的線性度，缺點是控制的靈敏度變為原來的一半，比較(6-7)與(6-6)，相同的控制電壓變化，(6-7)的電導變化僅是(6-6)的一半。 □

6.4 弛緩振盪器

為了週期性的調變相位移，需設計一個振盪器，產生週期性三角波或弦波信號，來控制 JFET 壓控電阻，使聲音產生循環波動的感覺。這裡使用如圖6.5的弛緩振盪器 (Relaxation Oscillator)，此振盪器包含一個類比的史密特觸發器(Schmitt Trigger) 及反向積分器，形成負迴授迴路。史密特觸發器不斷試圖將積分器控制到某個準位，卻不斷控制過頭而產生振盪。若將積分器類比於彈簧，這就有如試圖將彈簧恢復到平衡點的鬆弛狀態，卻頻頻拉過頭，過頭了又想拉回來，卻又過頭，周而復始而產生振盪。這類試圖恢復鬆弛狀態的振盪器就叫做弛緩振盪器。圖 6.5 的振盪器可同時產生方波與三角波的振盪：史密特觸發器產生週期性方波，而積分器則輸出週期性三角波，我們將利用三角波來調變相位移。

此振盪器的詳細分析如下：史密特觸發器為具有遲滯的比較器，由運算放大器或比較器外接正迴授電阻，在正迴授下正負端輸入虛短路特性不成立，10^5 以上的開迴路增益造成些許的正負端輸入壓差即可使其輸出為正飽和或負飽和。考慮圖 6.6 的史密特觸發器，假設電源為 $\pm V_{DD}$，參考準位為 V_{ref}。當輸出 V_2 為正電源準位 $+V_{DD}$，推

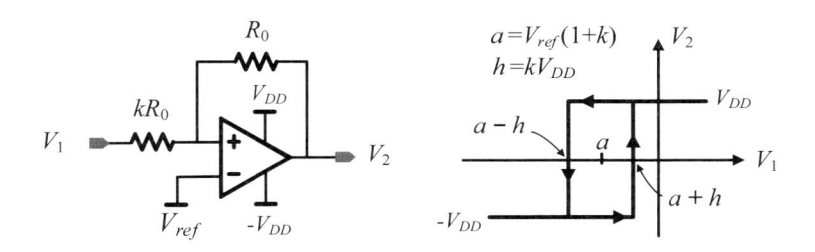

圖 6.6 史密特觸發器與輸入輸出特性曲線。k 決定遲滯大小 $2h$；V_{ref} 決定遲滯中心點 a。

導輸入 V_1 為多少時會使輸出改變狀態。V_1 與 V_2 分壓可得正輸入端準位 v^+，輸出狀態改變的條件為正輸入端準位小於負輸入端準位：

$$V^+ = \frac{kRV_{DD} + RV_1}{kR + R} < V^- = V_{ref} \tag{6-8}$$

$$\Rightarrow \quad 切換點：\quad V_1 < (1+k)V_{ref} - kV_{DD} \tag{6-9}$$

當輸出 V_2 為負電源準位 $-V_{DD}$，輸出狀態改變的條件為

$$V^+ = \frac{-kRV_{DD} + RV_1}{kR + R} > V^- = V_{ref} \tag{6-10}$$

$$\Rightarrow \quad 切換點：\quad V_1 > (1+k)V_{ref} + kV_{DD} \tag{6-11}$$

因此我們可以繪出如圖 6.6 的輸入輸出特性曲線。史密特觸發器有兩個參數

比較點：$a=V_{ref}(1+k)$ 由參考電壓 V_{ref} 設定
遲　滯：$h=kV_{DD}$ 由電阻比值 k 決定

接下來我們可以推導出振盪週期的表示式。由運算放大器虛短路特性，可得反相積分器的輸出方程式為

$$V_1 = -\frac{1}{R_I C_I} \int V_2 \, dt \tag{6-12}$$

如圖 6.5，考慮當 $V_2 = -V_{DD}$ 的半週期 $T/2$，V_1 上升變化幅度等於史密特觸發器的遲滯大小 $2kV_{DD}$，對應積分方程式

$$\Delta V_1 = \frac{1}{R_I C_I} \int_0^{T/2} V_{DD}\, dt = \frac{V_{DD}}{R_I C_I}\frac{T}{2} = 2kV_{DD} \tag{6-13}$$

$\Rightarrow$ **振盪週期** $\quad T = 4kR_I C_I \tag{6-14}$

振盪週期 T 與電源電壓無關，這是很棒的電路特性，採用不同電源電壓不會影響振盪速率。主要的設計限制：考量積分器的輸出受限於電源電壓，所以史密特觸發器的電阻比值 k 必須小於 1，使(6-9)與(6-11)的切換點在積分器的輸出範圍內，否則振盪器無法振盪。藉由改變積分器的輸入電阻 R_I，可以改變振盪週期，常見的週期變化範圍在 0.1 秒至 10 秒之間。

【相位移效果器設計步驟】

1) 挑選特性約略匹配的 JFET 作為壓控電阻的電晶體。
2) 設定壓控電阻電晶體所需的閘極控制電壓變化範圍，並以此範圍設定史密特觸發器的切換點，依此選擇史密特觸發器 R_1、R_2 與 V_{ref}。
3) 由閘極控制電壓變化範圍計算 JFET 的阻值 R 變化範圍，並選取一階相位移電路的電容值 C，使得中心頻率 $f_0=1/(2\pi RC)$ 變化約略涵蓋電吉他基頻 80~1.3kHz 範圍。
4) 設定中心頻率 f_0 的變化週期 T 範圍，並根據(6-14)決定振盪器中積分器的 C_I 與 R_I。

【例 6.3】相位移效果器設計：假設電源為 ±5V，依照以上步驟，設計四級相位移效果器。

1) 挑選 JFET 2N5952 作為壓控電阻的電晶體，匹配電晶體特性得到約略一致的參數

$$V_p = -2.2\text{ V}、I_{DSS} = 6.7\text{ mA}。$$

2) 設定壓控電阻所需的閘極控制電壓變化範圍在 0V 與 $V_p +0.2 = -2$ V 間，選擇史密特觸發器參數 $k=0.2$、$R_0=59$ kΩ、$kR_0=12$ kΩ、$V_{ref} = -0.86$ V，代入切換條件式(6-9)及(6-11)得到對應控制閘極的三角波變化範圍。

$$V_{GS} = (1+k)V_{ref} \pm kV_{DD} \approx \begin{cases} -0.03\text{ V} \\ -2.03\text{ V} \end{cases}$$

3) 將以上 V_{GS} 值代入 JFET 導通電阻公式(6-6)，忽略 V_{DS} 的影響，可得壓控電阻的變化範圍

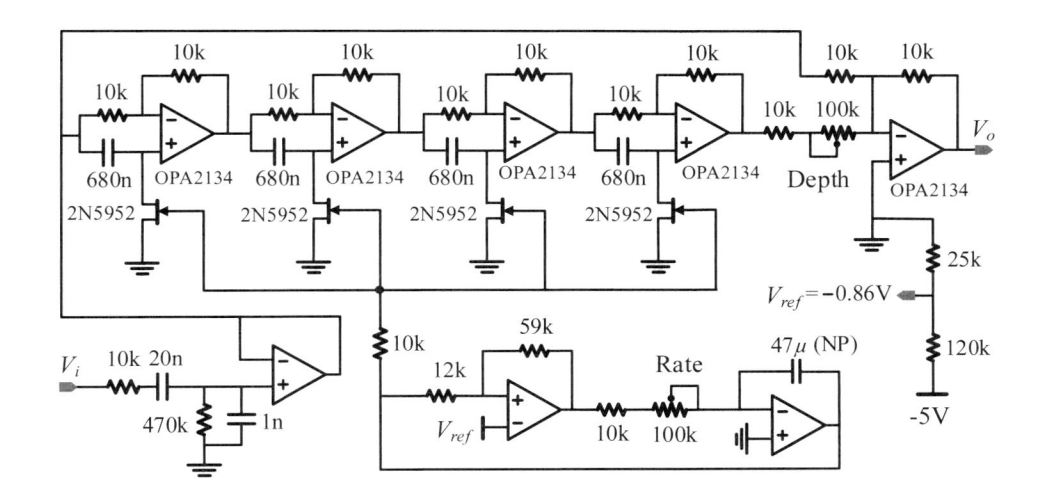

圖 6.7 完整四級相位移效果器。輸入端為 RC 帶通濾波及電壓隨耦器；之後信號分成兩路，一路通過四級相位移電路，另一路沒通過；最後兩個信號相加後輸出。

$$R \approx \frac{V_p^2}{2(V_{GS}-V_p)I_{DSS}} = \begin{cases} 165\ \Omega, & V_{GS}=-0.03 \\ 2440\ \Omega, & V_{GS}=-2.03 \end{cases}$$

選取相位移器的電容值 $C=680$ nF，可得中心頻率的變化範圍為

$$f_0 = \frac{1}{2\pi R_{on} C} = \begin{cases} 96\ \text{Hz} \\ 1.42\ \text{kHz} \end{cases}$$

4) 選擇無極性(Non-Polarized)電解質電容 $C_I=47\mu\text{F}$ (無極性電容內部結構為兩電解質電容反向串接，有助於提升交流特性的對稱性，降低失真，見附錄 C)，並使 $R_I=10\text{k}\Omega+100\text{k}\Omega$ (Pot)，由公式(6-14)可得對應變化週期

$$T = 4kR_I C_I = \begin{cases} 0.38\ \text{秒，當}\ R_I=10\text{k}\Omega \\ 4.21\ \text{秒，當}\ R_I=110\text{k}\Omega \end{cases}$$

圖 6.7 為完整相位移效果器電路，其中輸入端多加了 RC 帶通電路用來耦合交流小信號並濾除頻寬外的雜訊，並加入電壓隨耦器(Buffer)，避免相位移效果器的負載效應，造成信號的衰減。注意，當輸入的音訊信號振幅較大時，$V_{DS}>V_{GS}-V_p$ 會使 JFET 操作在飽和區，產生不同的音色。 □

7

破音效果器

1950年代，半導體技術開始萌芽，但電晶體尚未普遍，電吉他都還是使用低瓦數真空管擴大機。大部分時候為產生足夠的音量，會使真空管擴大機的輸出接近飽和，造成些許程度的波形失真，電吉他手逐漸習慣於這樣溫暖而飽滿的失真聲音。當然，也有人故意將放大增益提高強制真空管擴大機過載，造成更嚴重截波失真，這也是最早的吉他破音效果。但真正引發吉他破音效果風行的是，在1961年美國歌手Marty Robbins錄製單曲"Don't Worry"時，電吉他手Grady Martin不小心插錯音訊孔，使用了錯誤的前置放大器錄下了嚴重過載失真的吉他伴奏。Martin個人不喜歡這模糊的吉他破音聲，但製作人保留了原音，結果大受好評，"Don't Worry"在美國熱門鄉村歌曲排行板上蟬聯十週冠軍。當然，之後Grady Martin又用了這個『錯誤』的放大器錄製了其他音樂，搖滾團體也嘗試複製Martin的吉他破音效果，這些嚴重失真的吉他音樂成為日後硬搖滾(Hard Rock)或重金屬搖滾樂風的基礎。在這破音風潮下，有名的Gibson吉他公司很快的在1962年推出市售第一個吉他破音器Maestro FZ-1 Fuzz-Tone。

7.1 破音失真

失真效果器的常見英文有 Overdrive（過載）、Distortion（失真）及 Fuzz（模糊）等用語，主要是模擬老式真空管擴大機的『過載』所造成的限幅截波的『失真』，產生充滿魅力的粗曠沙啞或『模糊』的音效。失真簡單的說就是原波形的改變。對於理想的線性電路，輸入是弦波，輸出會是相同頻率的弦波，波型相同，大小及相位角則可能不同；非線性電路則會產生其他額外頻率成分，造成波型的改變。

波形失真的依據頻率成分區分可分為諧波失真(Harmonic Distortion)與交互調變失真(Intermodulation Distortion)，兩者差異可由以下例子說明：給一個非線性電路，輸入 x 與輸出 $f(x)$ 的關係為 $f(x)=x^2+2x$。假設輸入兩個不同頻率 ω_1 及 ω_2 的弦波，則輸出為

$$\begin{aligned}
f(x) &= [\sin(\omega_1 t)+\sin(\omega_2 t)]^2 + 2[\sin(\omega_1 t)+\sin(\omega_2 t)] \\
&= \sin^2(\omega_1 t) + \sin^2(\omega_2 t) + 2\sin(\omega_1 t)\sin(\omega_2 t) + 2\sin(\omega_1 t) + 2\sin(\omega_2 t) \\
&= 2\sin(\omega_1 t) + 2\sin(\omega_2 t) + 1 \qquad \rightarrow 線性放大+直流偏移 \\
&\quad -0.5\cos(2\omega_1 t) - 0.5\cos(2\omega_2 t) \qquad \rightarrow 諧波失真項 \\
&\quad +\cos[(\omega_1-\omega_2)t] - \cos[(\omega_1+\omega_2)t] \qquad \rightarrow 互調失真項
\end{aligned}$$

原有輸入頻率經過非線性電路後，產生多種頻率的輸出。額外的直流量稱為直流偏移；輸入頻率的整數倍的成分稱為諧波失真；輸入頻率的和或差的成分則稱交互調變失真

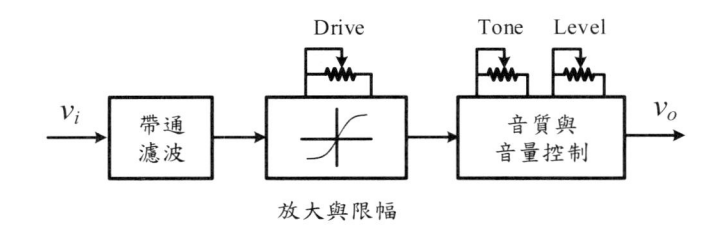

圖 7.1 破音器的基本組成方塊，三個A類對數電位器分別調整破音程度(Drive)、高音多寡(Tone)、音量大小(Level)，其中放大倍率越大，限幅截波所造成的失真越嚴重。

或簡稱互調失真。第一章解釋過諧波這個名字的由來，整數倍頻稱為諧波是因為的此倍頻聲音聽起來與原頻率(稱基頻)很和諧。當非線性電路輸入多頻率成分，往往諧波失真與互調失真會相伴而生，一般而言，諧波失真多，互調失真也會多。當輸入頻率沒有簡單的整數倍關係時，互調失真多，會使得音樂變得很吵雜。但是當輸入頻率為簡單整數倍關係時，互調失真也會與輸入聽起來很和諧，以下就是一個例子。

【例 7.1】強力和弦：搖滾電吉他常用的強力和弦(Power Chord)技法，同時撥彈兩個相差五度的音，使輸入頻率比約為 2:3 的關係，例如

C_5 和弦　　Do (261.63Hz) : So (392Hz) 　=　2 : 2.9967
D_5 和弦　　Re (293.66Hz) : La (440Hz) 　=　2 : 2.9967

C_5 和弦是指根音 C (唱名 Do)搭配 5 度音 G(唱名 So)所形成的和弦。頻率比非常接近 2:3。此類和弦經過破音器後，所產生的非線性失真頻率成分剛好與原輸入頻率形成整數倍頻關係：

輸入頻率：　　$2f, \quad 3f$
互調失真：　　$3f - 2f = f, \quad 3f + 2f = 5f$
諧波失真：　　$4f, \quad 6f, \quad 8f, \quad 9f, \cdots$

因此可以得到更為豐富飽滿而合諧的聲音。　　　　　　　　　　　　　□

過載破音的效果器的設計，主要是模擬老式真空管擴大機的過載失真的效果，追求能夠反應彈奏技法的好聽破音。好聽很難衡量，往往因人而異，比較確定的是破音器不可過於破壞吉他的音色與聲音動態，必須能夠反應出輕彈與加重音等不同技法的聲音詮釋。不同需求，可能設計要求包括

音色保留：　破音改變音色，但不可完全失去電吉他音色，使聲音聽起來太假。
互調失真：　破音造成多頻率和弦的互調失真，應避免過於嚴重的互調失真使吉他聲音變的混濁不清。
動態範圍：　破音器會壓縮聲音動態範圍，但不可使動態範圍過小，分不出輕重音。

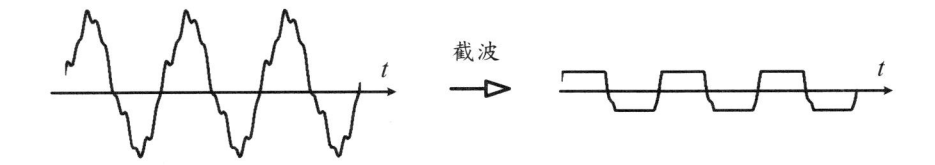

圖7.2　基頻成分過多，經截波後，會破壞原本決定音色的高頻諧波。為保留音色，在截波前須經過濾波，抑制低頻成分。

一般破音器的電路組成如圖 7.1 包括帶通濾波、高增益放大與截波、音質與音量控制。高增益放大與截波是破音器的核心，放大信號使放大器過載飽和而產生截波的效果，或是使用二極體限幅截波，而產生破音。帶通濾波濾除高頻雜訊，並衰減約 1kH 以下的基頻音訊，避免如圖 7.2 的截波限幅，造成低頻信號壓縮到高頻泛音振幅，而破壞原有吉他音色。低通濾波器則將過多的高頻諧波與互調失真濾除。

7.2　截波電路

破音器的核心為截波電路或稱限幅電路。依截波的程度可分柔截波(Soft Clipping)及硬截波(Hard Clipping)；依波形則可區分非對稱與對稱截波。圖 7.3 分別顯示柔截波及硬截波兩種電路，非反相放大器提供高增益放大，極性方向相反的並聯二極體作為截波限幅。兩種截波設計差異，在於二極體限制的電壓不同

柔截波：限制輸出與輸入的壓差 $v_o - v_i$；
硬截波：直接限制輸出電壓振幅 v_o。

圖中顯示兩種截波得到的輸入輸出的特性曲線。當輸入振幅小時，二極體不導通，兩例中輸入與輸出皆呈現相同的線性關係，增益為 $1+R_2/R_1$；輸入振幅大時，二極體開始截波，不同於硬截波的直接對輸出限幅，柔截波採取的是間接限幅，輸出振幅依然可以隨輸入振幅的增加而增加。

常用來限幅的二極體有矽(Si)與鍺(Ge)兩種，適合快速切換的矽二極體如 1N4148、1N4446、1N916 的順向導通電壓約 0.7V；鍺二極體如 1N270、1N34、1N80 的導通電壓比較低，約 0.3V。二極體的電壓 V 與電流 I 的數學模型

$$I = I_s \left(e^{\frac{V}{\eta V_T}} - 1 \right) \tag{7-1}$$

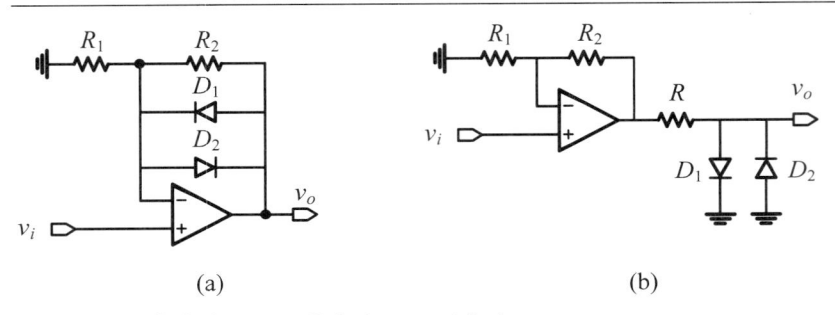

圖7.3 放大及截波電路:(a)柔截波;(b)硬截波

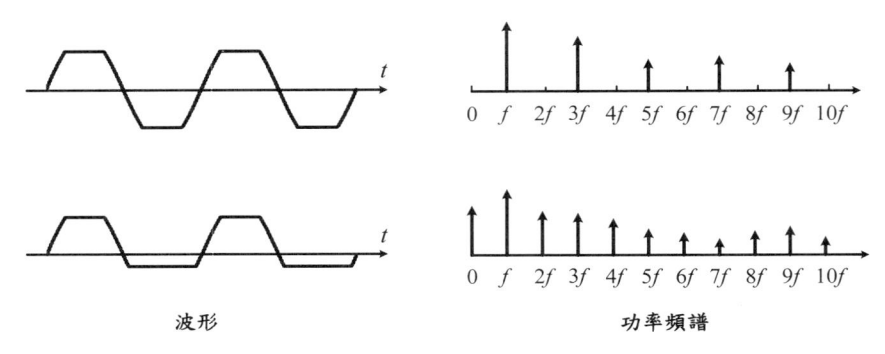

圖7.4 限幅弦波:(上)對稱截波產生奇次諧波;(下)非對稱截波產生直流、奇次與偶次諧波。

可假設以下參數值

$$
\begin{aligned}
\text{反向飽和電流} \quad & I_s \approx \begin{cases} 0.2\times 10^{-9} \text{ A for Si} \\ 0.2\times 10^{-6} \text{ A for Ge} \end{cases} \\
\text{放射係數} \quad & \eta \approx \begin{cases} 2 \text{ for Si} \\ 1 \text{ for Ge} \end{cases} \\
\text{熱電壓} \quad & V_T \approx 26\times 10^{-3} \text{ V}
\end{aligned}
\tag{7-2}
$$

另外,當需要較大的限幅電壓可以將二極體相同極性方向串接,或者用光二極體(LED),紅光 LED 的導通電壓約 2V;綠光約 2.5V;藍光約 3.5V。

　　信號的正負截波是否對稱對音色會有影響。以圖 7.3 為例,若要產生非對稱截波,只要讓正半周導通的二極體 D_1 與負半周導通的二極體 D_2 的順向偏壓不相同,例如 D_1 選擇矽二極體,D_2 選擇鍺二極體或是兩個串聯的矽二極體。如此即可產生正負半周不相同的截波波型。截波波形是否對稱會影響到諧波的頻率成分。

正負波型對稱的截波產生奇次諧波;不對稱的截波則可同時產生奇次及偶次諧波。

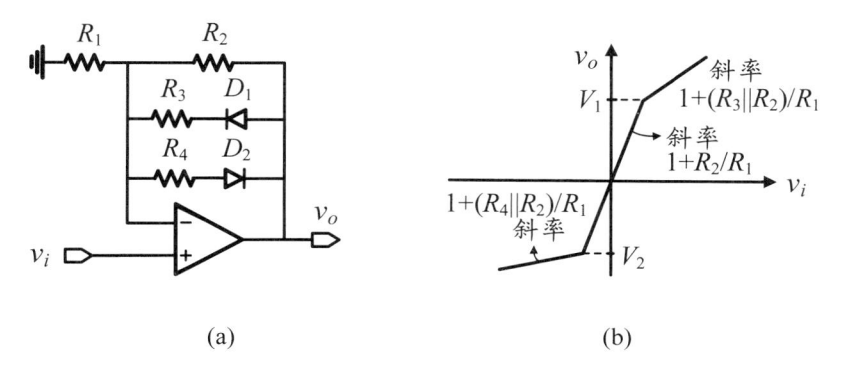

圖7.5 擁有不同分段增益的柔截波放大器：(a) 電路；(b)輸出增益估測圖；(7-3)及(7-4) 式分別估算轉折電壓V_1及V_2。

圖 7.4 是弦波經過對稱與非對稱截波後的波形，經傅立葉級數(Fourier Series)展開可以得到如圖頻率組成，對稱截波後產生奇次諧波，而非對稱截波產生直流成分及奇次與偶次諧波。就人的聽覺而言，較溫暖和諧的諧波失真是同時含有奇次與偶次的諧波，且諧波大小需隨頻率而遞減的組合。真空管擴大機飽和時所產生的截波是屬於非對稱的柔截波，同時含有奇次與偶次的諧波。因此若希望模擬真空管放大器的失真，產生較多的二次諧波，使聲音聽起來較溫暖而飽滿，可採用非對稱的柔截波設計。

柔截波放大器可視為**不同分段增益的放大器**。如圖 7.5，當輸出振幅很小時，二極體不導通，有如一般的非反相放大器，增益為 $1+R_2/R_1$。當輸出電壓大過某個值，使 D_1 導通，若忽略二極體的動態電阻，我們可以簡單估算放大器在這區段的小信號增益為 $1+(R_2\|R_3)/R_1$。當輸出電壓為負並低過某個值使 D_2 導通，則放大器在這區段的小信號增益可近似為 $1+(R_2\|R_4)/R_1$。圖 7.5(b)中的轉折電壓即為剛好使 D_1 或 D_2 導通的輸出電壓。當 D_1 剛要微微導通，代表 R_2 的跨壓剛好是二極體的順向導通電壓 V_{D1}，R_1 的電流差不多等於 R_2 的電流 V_{D1}/R_2。此時輸出電壓 v_o 為等於轉折電壓 V_1，可由下式估算

$$V_1 = \frac{V_{D1}}{R_2}(R_1 + R_2) \tag{7-3}$$

同理，知道 D_2 順向導通電壓 V_{D2}，我們也可以估算出轉折電壓 V_2

$$V_2 = -\frac{V_{D2}}{R_2}(R_1 + R_2) \tag{7-4}$$

【例 7.2】**非對稱柔截波：** 參考圖 7.5 柔截波電路，為了作不對稱柔截波，串聯兩個矽二極體當作 D_1，與電阻 R_3 作正半波的限幅；令 $R_4=0$，單一矽二極體 D_2 作負半波限幅。串聯兩個矽二極體及電阻 R_3 作正半波的限幅。分析與模擬圖 7.5 不對稱柔截波電路，假設圖中二極體皆為矽二極體 1N4148，電阻值 $R_1 = 5\ \text{k}\Omega$，$R_2 = 200\ \text{k}\Omega$，

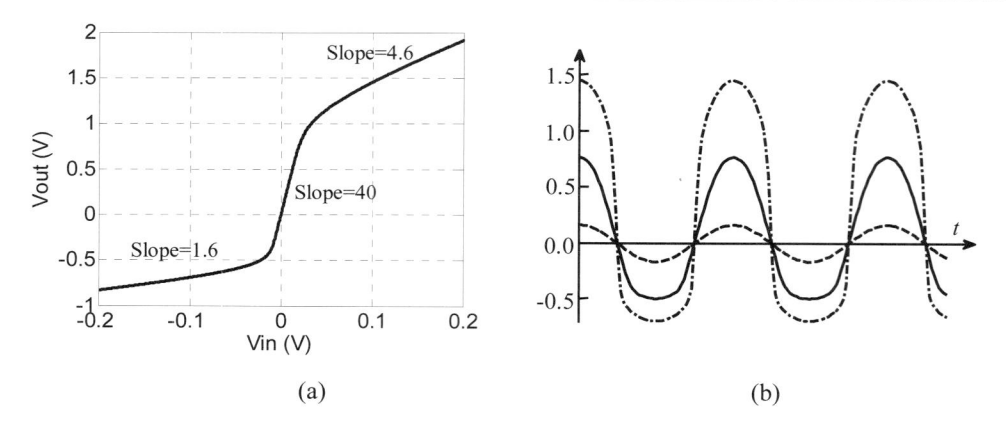

圖 7.6 例題 7.2 不對稱柔截波電路($R_1 = 5\text{ k}\Omega$, $R_2 = 200\text{ k}\Omega$, $R_3 = 15\text{ k}\Omega$)的數值分析與模擬：(a)輸入與輸出特性曲線；(b) 在不同弦波輸入振幅(4mV、20mV、100mV)所得到輸出波形。

$R_3 = 15\text{ k}\Omega$。根據克希荷夫電流定律及(7-1)二極體數學模型，分別可得正半波與負半波的電路方程式：

$$\text{正半波}(V_o > 0)：\begin{cases} \dfrac{V_i}{R_1} = \dfrac{V_o - V_i}{R_2} + \dfrac{V_o - V_i - 2V_D}{R_3} \\ \dfrac{V_o - V_i - 2V_D}{R_3} = I_s\left(e^{\frac{V_D}{\eta V_T}} - 1\right) \end{cases} \tag{7-5}$$

$$\text{負半波}(V_o < 0)：\quad \dfrac{V_i}{R_1} = \dfrac{V_o - V_i}{R_2} - I_s\left(e^{\frac{V_i - V_o}{\eta V_T}} - 1\right) \tag{7-6}$$

利用 Matlab 函式 fsolve，針對不同的輸入值解以上非線性方程式（見附錄 Matlab 程式），可繪出如圖 7.6 的輸入輸出的對應曲線。當於小輸入信號，二極體未導通，放大器輸入輸出曲線為通過原點的直線，直線斜率40很接近理想中放大增益 $1+R_2/R_1=41$。正半波振幅大到使串聯二極體導通，輸入輸出曲線斜率約 4.6，將二極體導通看成短路的理想增益值 $1+(R_2||R_3)/R_1=3.8$；負半波放大至二極體導通，輸入輸出曲線斜率約 1.6，接近於理想值 1。圖 7.6 右顯示不同振幅弦波輸入的截波效果，4mV 弦波輸入時，未發現明顯失真。當輸入振幅提高到 20mV，有明顯失真，如預期截波波形不對稱。當輸入提高到100mV(接近拾音器最大輸出)，波形失真更嚴重。 □

【例 7.3】韋恩電橋震盪器：柔截波的技術也可以應用於弦波震盪器。圖 7.7 為韋恩電橋震盪器(Wien-Bridge Oscillator)，由兩電路—RC 帶通濾波器(灰色方塊)以及含有柔截波的非反相放大器—形成正回授電路。帶通濾波器的輸入為 V_o 輸出為 V_1，中心頻率

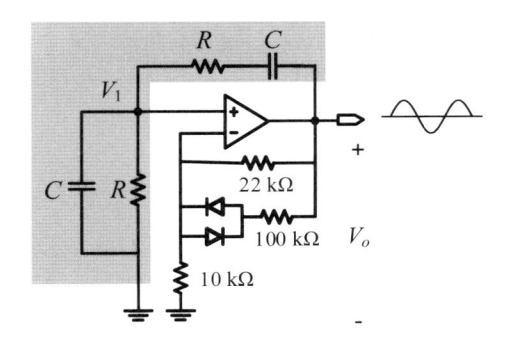

圖 7.7 柔截波在韋恩電橋弦波震盪器作為自動增益調整器。

為 $f_0 = 1/(2\pi RC)$ 赫茲，在中心頻率的增益為 1/3，相位為零。非反相放大器在輸出幅值很小，兩個二極體都不導通時，增益為 1+22/10=3.2，使整個回授增益在中心頻率 3.2/3 大過 1，相位為零，在中心頻率產生震盪且輸出幅值不斷變大。當輸出幅值大到某個程度，使任何一個二極體導通時，產生柔截波，非反相放大器增益變小，1+(100||22)/10=2.8，整體回授回路增益小於 1，輸出幅值變小。在變大變小之間，震盪電路的輸出振幅會穩定在使二極體微微導通的邊緣。假設二極體順向導通電壓約為 0.7 伏特，則穩定輸出的峰值 V_p 約為

$$V_p = \frac{0.7}{22 \times 10^3} \times 10^4 + 0.7 \approx 1 \text{ 伏特}$$

此處的柔截波電路扮演的角色為自動增益調整的功能，只要輸出幅值到達預設值就把增益調小。 □

7.3 含帶通濾波、音質與音量控制的截波電路

破音器設計中，一般截波前需要進行帶通濾波，帶通濾波有兩個用途：1)濾除低頻電源哼聲及電吉他頻寬(約 6kHz)外高頻電磁雜訊，避免高增益放大這些雜訊或限幅後造成額外的互調失真；2)衰減約 1kHz 以下的吉他基頻音訊，避免之後限幅造成過大低頻信號壓縮到高頻泛音振幅，使得原本電吉他的音色消失無存。

圖 7.8 利用簡單非反相運算放大器搭配電阻電容所做的帶通濾波器。對直流信號而言，電容開路，輸出透過回授電阻虛短路到輸入；對極高頻信號而言，電容短路，高頻輸出透過回授電容虛短路到輸入。因此，低頻與高頻增益接近 1，中間頻帶才會有較高增益。詳細的轉移函數推導如下

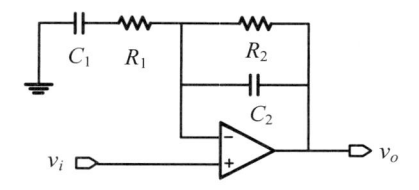

圖 7.8 中頻放大電路：低頻高頻增益接近 1，中頻增益約為 $1+R_2/R_1$。

$$T(s) = \frac{V_o(s)}{V_i(s)} = 1 + \frac{s\frac{1}{R_1C_2}}{(s+\frac{1}{R_1C_1})(s+\frac{1}{R_2C_2})} \qquad (7\text{-}7)$$

我們可將轉移函數的第二項拆成兩個轉移函數的乘積

$$T(s) = 1 + \frac{s}{(s+\frac{1}{R_1C_1})}\frac{\frac{1}{R_1C_2}}{(s+\frac{1}{R_2C_2})} \equiv 1 + H(s)L(s) \qquad (7\text{-}8)$$

$H(s)$為增益 1 的高通濾波器，$L(s)$為增益為 R_2/R_1 的低通濾波器。他們的乘積形成帶通濾波器。若 $H(s)$的截止頻率遠小於 $L(s)$的截止頻率，

$$\frac{1}{R_1C_1} << \frac{1}{R_2C_2}$$

則我們可以很快估算出整體帶通濾波器 $T(s)$的頻率增益參數：

$$\text{截止頻率：} \omega_1 \approx \frac{1}{R_1C_1},\ \omega_2 \approx \frac{1}{R_2C_2} \quad \text{rad}/\text{s} \qquad (7\text{-}9)$$

$$\text{中心頻率：} \omega_0 = \sqrt{\omega_1\omega_2} \approx \frac{1}{\sqrt{R_1R_2C_1C_2}} \quad \text{rad}/\text{s} \qquad (7\text{-}10)$$

$$\text{最高增益：} A \approx 1 + \frac{R_2}{R_1} \qquad (7\text{-}11)$$

將圖 7.8 的帶通濾波器在迴授路徑加上二極體作限幅，即成了最基本的柔截波破音電路。圖 7.9 顯示完整的電路，迴授電阻改成對數型電位器，使放大增益變為可調，一般此可調旋鈕的英文標示為 Drive，藉由改變加載程度，來改變過載失真(Overdrive distortion) 的破音程度。的 C_7 濾除高頻電磁雜訊，R_7 提供直流輸入的回流路徑，C_8 與 R_8 形成高通濾波，用來阻絕直流信號。

電吉他電路

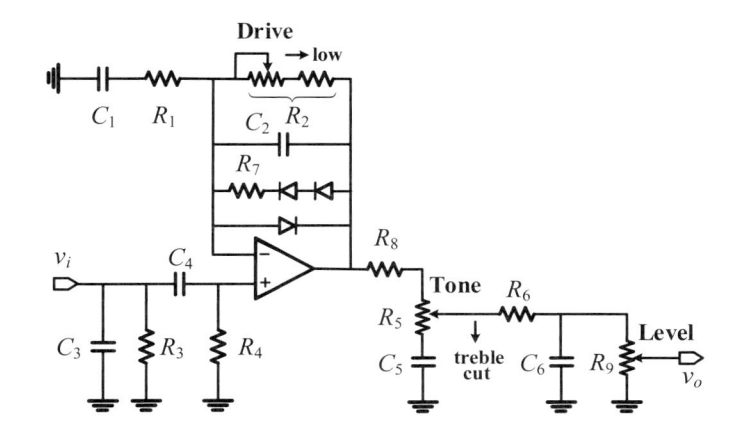

元件表	
R_1	4.7kΩ
R_2	500kΩ(A)+51kΩ
R_3、R_4	1MΩ
R_5	25kΩ(A)
R_6	6.8kΩ
R_7	15kΩ
R_8	1kΩ
R_9	100kΩ(A)
C_1	47nF
C_2	51pF
C_3	220pF
C_4、C_5、C_6	10nF

圖 7.9 非對稱柔截波破音效果器：採用矽二極體 1N4148，三個電位器皆為 A 類(LOG)，分別調整破音程度(Drive)、高音多寡(Tone)、音量大小(Level)。

一般完整的破音器除了有標示 Drive 的破音程度旋鈕外，還有音質 Tone 與音量 Level 的旋鈕。截波失真產生很多高頻諧波與互調雜訊，過多的高頻諧波與雜訊會有**遮罩效應**(Masking Effect)，使原有聲音變的鬆散模糊或吵雜，因此截波後需要一個低通濾波器，濾除過多的高頻成分。一般低通濾波器的截止頻率會做成可調，讓吉他手可以隨自己的喜好來調整音色。

【**例 7.4**】**柔截波破音效果器**：圖 7.9 為所設計的破音效果器，含有三部分電路：運算放大器的非反相輸入端有一個簡單的 RC 濾波電路；接著是非對稱柔截波的帶通電路；最後運算放大器輸出端接音質與音量控制電路。

輸入端先將吉他頻寬外的信號濾除，R_3 與 C_3 在低頻為高阻抗，在高頻為低阻抗，可濾除高頻雜訊；R_4 與 C_4 形成高通濾波，截止頻率為在 $1/[2\pi R_4 C_4] \approx 16$ 赫茲。接著是非對稱的柔截波電路，負回授的電位器，調整放大增益，放大增益越大越容易截波。正半波幅值到約 1.4V 開始截波，負半波則在約-0.7V 就開始截波。若嫌柔截波所產生的破音效果不夠明顯，聲音不夠麻，可以將柔截波改為硬截波。

音質控制電路利用簡單的兩組 RC 電路所形成的可調截止頻率低通濾波器，控制高音的多寡。R_8、R_5 與 C_5 形成可調的低通濾波，電位器 R_5 的旋鈕一般英文標示為 Tone，上下阻抗作分壓輸出。若調到最高（高音變多），不管低頻高頻，上面阻抗 (R_4)遠小於下面阻抗(R_5 與 C_5)，大部分低頻與高頻成分皆會通過。Tone 若調到最低（高音最少），電容會將高頻信號濾掉，若先不考慮負載效應，截止頻率為 $1/[2\pi (R_8+R_5)C_5] \approx 612$ 赫茲。R_6 與 C_6 形成第二組低通濾波的截止頻率為 $1/(2\pi R_6 C_6) \approx 2340$ 赫茲。考慮負載效應後，整體電路增益會稍微下降。最後是一個音量控制的電位器。

□

8

真空管放大器

1884年在美國費城舉辦的國際電氣展(International Electrical Exhibition)在科學史非常重要,除了有愛迪生(Thomson Edison)發明的白熾燈外,還展示了日後被稱為愛迪生效應的真空管實驗。愛迪生在真空白熾燈泡中多加了一個白金箔片,箔片的一端在真空燈泡中未與任何東西連接,另一端則與燈絲的直流電源相接,令人驚訝的,若接到電源陽極,白金箔片會有電流流過,接到陰極則無電流。愛迪生的老師及事業夥伴休士頓教授(E. J. Houston)特別在美國電氣工程師協會報告此怪異物理現象並提出疑問[1]:電流是如何產生的?電流總不可能由箔片產生後,還能夠穿越真空流到燈絲,這明顯違反常理啊!(今日我們知道事實是如此)當人們問愛迪生此物理現象時,重視應用的他表示沒有時間能夠對所有發明及發現作美學上的理論探討。所幸,1897年英國物理學家湯姆森(J. J. Thomson)發現真空管中熾熱燈絲(陰極)發射到箔片(陽極)的射線是帶負電粒子,並於1899年命名為電子。英國科學家弗萊明(J. A. Fleming) 在1884年與愛迪生見面後對真空管現象非常有興趣,持續研究並改良後在1904年發明第一個實用真空二極管。美國無線電先驅德富雷斯特(Lee de Forest)試圖在弗萊明二極管加上額外電極,觀察對電流的影響。經過幾次的改造,在1906年發明了真空三極管,從此開啟了真空管電子電路的時代。

8.1 真空管原理

二十世紀初發展的真空管技術,蓬勃發展,主宰了電吉他放大器以及其他電子產品半世紀。直到 1947 年,蕭克利(William Schockley)在貝爾實驗室所領導的團隊做出世界上第一個電晶體後,情勢才逐漸改觀。由於電晶體容易微型化、效率高且便宜,逐漸開始全面取代了真空管。今日,僅在部分音響產品可以見到真空管的身影。但很有趣的,在電子樂器領域真空管放大器還是主流,它獨特的諧波產生溫暖而飽滿的音色,還是普遍受到樂手的喜愛。

真空管(Vacuum Tube)是將玻璃管抽真空後將燈絲與電極封入其中所形成的電子元件。根據電極的數目,常見的真空管可分為二極管(Diode)、三極管(Triode)、四極管(Tetrode)、五極管(Pentode)。真空管主要是利用**熱電子發射**(Thermionic Emission)的原理,點亮燈絲(Filament)加熱陰極至高溫,使其蒸發出電子,射向高壓的陽極,產生電流。常溫下電子受到原子核的束縛,很難掙脫,金屬則因束縛能較小,外層電子容

---

[1] E. J. Houston, "Notes on Phenomena in Incandescent Lamps," A paper read before the American Institute of Electrical Engineers, at Philadephia, October, 1884.

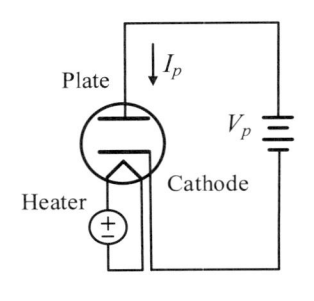

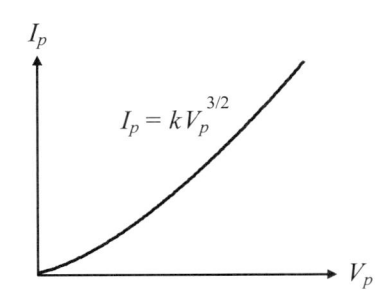

圖 8.1 二極管符號與電流電壓圖。可用直流或交流電加熱燈絲，為簡化符號可不顯示燈絲。

易擺脫原子核的束縛成為自由電子，因而容易導電。若加熱金屬，大量電子將獲得額外的能量變成自由電子，不斷跳脫金屬表面到真空，再以相同的速率回歸金屬。有趣的是，當附近有一個正電極時，高熱金屬放射帶負電的電子會受到正電極吸引，而產生持續的電子流。一般真空管加熱方式有直接加熱與間接加熱兩種：直接加熱是將燈絲直接當作陰極，結構簡單，但容易受到燈絲電源不穩的影響，造成燈絲溫度的漂移，而造成真空管的特性不穩定；間接加熱是將燈絲和陰極分開，獨立的陰極有較大的熱容量，即使燈絲電源不穩定或短暫斷電，造成燈絲溫度的擾動，也不易造成陰極溫度變動。

圖 8.1 為二極管的電路符號與電流電壓關係圖。燈絲通電後發光發熱，燈絲的高溫使陰極(Cathode)蒸發出大量電子，電子受正電壓吸引，流向陽極(Anode)或稱屏極(Plate)，因而產生電流。二極管電流與電壓的關係如 Child-Langmuir 方程式所描述

$$I_p = k V_p^{3/2} \tag{8.1}$$

其中 k 稱為導流係數(Perveance)，係數大小與兩電極的形狀、尺寸及距離有關。二極管有如電子閥般，只會在屏極電壓比陰極電壓大時才會導通電流，因此常用於整流，將交流電壓轉換成脈動的直流電壓。也因為有如開關閥的特性，後來的人將弗萊明爵士(J. A. Fleming)發明的真空二極管稱為弗萊明閥(Fleming Valve)，直至今日，英國人還是習慣稱真空管為 Valve。

美國發明家德富雷斯特(Lee de Forest)在真空管外加線圈當作控制電極，試圖觀察線圈對電流的影響，但效果不彰。在 1906 年，他將控制電極移入玻璃管內，置於陰極與屏極之間，實現了第一個實用的三極管。圖 8.2 顯示三極管的電路符號，在原本的陰極與屏極間，多了一個可控電流大小的柵極(Grid)。柵極在陰極周圍的形成細螺旋線或網線，使得電子必須穿越柵極才能到達屏極，當柵極加負電壓時，對帶負電的電子產生排斥，減弱了屏極對電子的吸引。藉由抑制從陰極放射到屏極的電子流

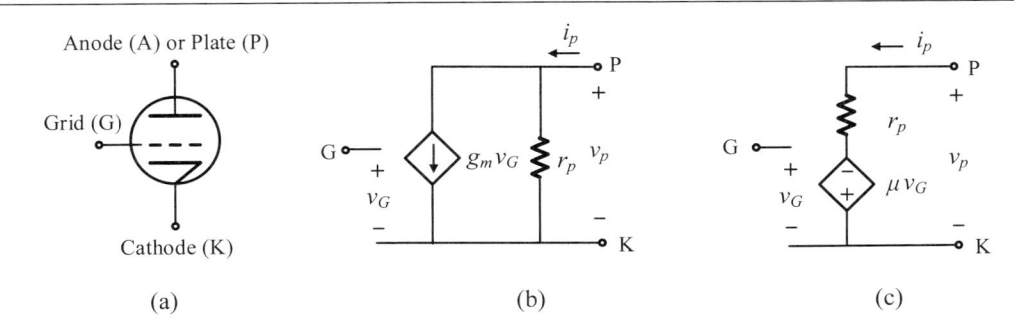

圖 8.2 三極管：(a)符號；(b)壓控電流源小信號模型；(c)壓控電壓源小信號模型。電流源開路輸出電壓 $v_p = -r_p g_m v_G$ 等於電壓源的開路輸出電壓 $v_p = -\mu v_G$，得出關係式 $\mu = g_m r_p$。

量，來控制電流的大小。三極管的電壓電流方程式為

$$I_p = k\left(\mu V_G + V_p\right)^{\frac{3}{2}} \tag{8.2}$$

k 為為導流係數，μ 為屏極電壓與柵極電壓的放大倍率(Amplification Factor)。V_G 為柵極相對於陰極的電壓，由方程式可見，當 V_G 電壓從零變越來越負，電流會越來越小。$V_G = -V_p / \mu$ 為**截止電壓**，使電流完全為零。

三極管多了控制柵極，可以作放大器使用。根據(8.2)關係式，我們可以推導出圖 8.2 的兩種小信號模型：壓控電流源與壓控電壓源兩種形式。首先推導電流源模型，在直流偏壓點(V_G, V_p)附近作小擾動(V_G+v_G, V_p+v_p)，則真空管電流的變動量 i_p 可作以下線性估算

$$i_p \approx \frac{\partial I_p}{\partial V_G} v_G + \frac{\partial I_p}{\partial V_p} v_p = g_m v_G + \frac{1}{r_p} v_p \tag{8.3}$$

電流對 V_G 及 V_p 的偏微分量分別定義為

$$g_m = \frac{\partial I_p}{\partial V_G} \qquad (V_p = \text{constant}) \tag{8.4}$$

$$\frac{1}{r_p} = \frac{\partial I_p}{\partial V_p} \qquad (V_G = \text{constant}) \tag{8.5}$$

將(8.3)關係式表示成等效電路，g_m 有如壓控電流源的倍率稱為轉導 (Transconductance)，r_p 為真空管屏極內阻，可得如圖 8.2(b)的電流源小信號模型。

以相同的方式，我們也可以推導三極管的壓控電壓源模型，首先將(8.2)式改成電壓 V_p 表示式

$$V_p = -\mu V_G + \left(\frac{I_p}{k}\right)^{\frac{2}{3}} \tag{8.6}$$

在偏壓點附近作小擾動(V_G+v_G, I_p+i_p)，擾動所造成的真空管電壓變動量 v_p 可用以下線性方程式估算

$$v_p \approx \frac{\partial V_p}{\partial V_G}v_G + \frac{\partial V_p}{\partial i_p}i_p = -\mu\, v_G + r_p\, i_p \tag{8.7}$$

根據(8.7)關係式，可以繪出如圖 8.2(c)的壓控電壓源模型。其中電壓放大倍率 μ 與轉導 g_m 及內阻 r_p 的關係如下

$$\mu = -\frac{\partial V_p}{\partial V_G} = g_m\, r_p \qquad (I_p = \text{constant}) \tag{8.8}$$

真空管的參數一致性遠高於電晶體，同一編號的真空管的參數 μ、g_m、r_p 差異往往不會太大，與規格書上的標示值相近。因此若知道真空管參數，採用小信號模型分析與設計真空管放大器，可以得到很準確的結果。

8.2　A 類三極管電壓放大器

圖 8.3 為常見的三極管 **A 類放大器**(Class-A Amplifer)。A 類放大器的特徵是在正常的輸入範圍內真空管或電晶體永遠保持導通，持續消耗能量，也因為如此，在各類放大器中效率最差。但因 A 類真空管放大器可以產生獨特的諧波失真，使電吉他的聲音更為飽滿甜美，所以往往是電吉他放大器的首選。要設計三極管 A 類放大器，首先需建立柵極控制電壓，來控制電流量。最常見方式是**自我偏壓**或稱**陰極偏壓**法：利用陰極串接的電阻建立柵極相對於陰極的負電壓。柵極透過電阻接地，無輸入的狀況下電位為零；陰極串接一個電阻到地，因為真空管自身的電流使陰極產生正電壓，因而，柵極相對於陰極為一個負電壓

$$V_G = -R_K I_p \tag{8.9}$$

自我偏壓法具有負回授的機制，可形成穩定的偏壓：假設有一個小擾動使 V_G 電壓向正電壓變化，根據電壓電流關係式(8.2)可知，V_G 變越正會造成 I_p 變越正；由(8.9)式又

電吉他電路 81

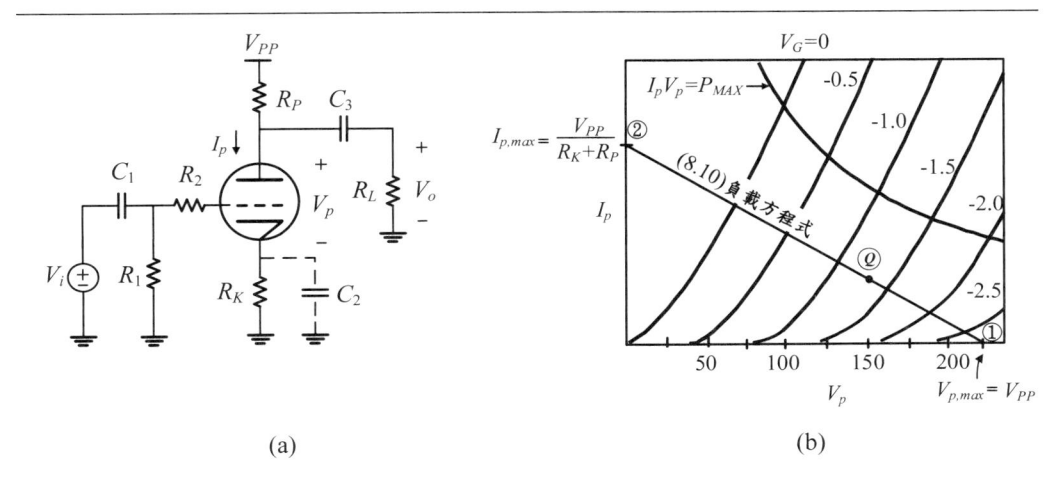

(a)

(b)

圖 8.3 常見的 A 類自我偏壓真空管放大器：(a)電路圖；(b)選擇直流偏壓圖解法。

可知，I_p 變越正會使 V_G 會變越負，正負抵銷擾動所造成的影響，穩定偏壓於某值。實際偏壓值必須求解三個聯立方程式：(8.2)、(8.9)與以下電源與負載方程式

$$V_{PP} = (R_P + R_K)I_p + V_p \qquad （負載方程式） \qquad (8.10)$$

給定電源 V_{PP} 及電阻值 R_P 與 R_K，可由三個方程式求解三個變數(V_G, V_P, I_p)。但因三極管電壓電流關係式(8.2)為非線性方程式，求解較困難。一般不會直接去求解聯立方程式，而是藉圖解法來分析與設計。

直流操作點：首先，給定不同控制電壓 V_G，我們可以量測三極管的電壓電流，繪出如圖 8.3(b)的多條左下到右上的屏極電壓電流曲線，之前介紹的 (8.2)方程式即為這些曲線的近似描述。若不想實驗量測，也可以網路下載規格書得到電壓電流特徵曲線圖。第二、根據真空管的額定功率 P_{MAX}，繪出 $I_p V_p = P_{MAX}$，這個曲線代表了額定消耗功率。此曲線的下方為容許的操作區域 $I_p V_p < P_{MAX}$。第三、根據(8.10)負載方程式可以畫出如圖 8.3(b)的負載直線(Load Line)。此負載直線的點皆為可能的工作點，所以整個直線需落在額定功率曲線的下方。在負載直線上選擇靜態(無輸入信號)偏壓點 Q。靜態偏壓點的選擇會影響放大器的線性放大範圍，選定偏壓點後即可由圖得到對應的 I_p 與 V_G 值，並由(8.9)式可得陰極電阻值

$$R_K = -V_G / I_p \qquad (8.11)$$

負載直線與橫軸交點①代表截止點，對應此點的 V_G 稱為截止電壓，此柵極控制電壓完全抑制放射電子，使電流 I_p 為零，電阻無壓降，所有電源電壓都降在三極管上。此點最大屏極電壓即為電源電壓 V_{PP}。

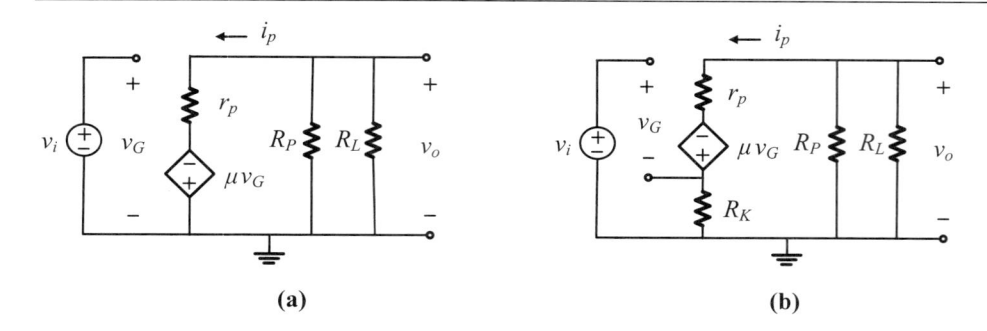

圖 8.4 三極管放大器的小信號電路：(a)有陰極旁路電容 C_2 的等效電路；(b) 無陰極旁路電容 C_2 的等效電路。

$$V_{p,\max} = V_{PP} \tag{8.12}$$

負載直線與縱軸交點②，此點 $V_p = 0$，所有電源電壓皆落在電阻上，產生最大電流，由 (8.10) 式可得

$$I_{p,\max} = \frac{V_{PP}}{R_p + R_K} \tag{8.13}$$

反過來，若我們決定了最大電流即可決定電阻 R_p。

放大倍率： 接下來根據靜態偏壓點，分析交流小信號的放大倍率。利用圖8.2(c)的壓控電壓源模型，繪出小信號等效電路。在放大器的頻寬內，圖 8.3 中各電容阻抗皆非常小如同短路，直流電源電壓不變動，如同交流接地，因而可以得到如圖 8.4 的小信號等效電路。我們考慮兩種設計，圖 8.4(a)為原設計有陰極旁路電容 C_2 的情形，旁路電容將 R_K 電阻短路掉了，所以等效電路無 R_K。另外，柵極無輸入電流，R_1 與 R_2 不會影響放大倍率，$v_G = v_i$。利用分壓定律，可以很容易的得到輸入到輸出的放大倍率

$$A_v = -\mu \frac{(R_p \parallel R_L)}{r_p + (R_p \parallel R_L)} \quad \text{(有陰極旁路電容)} \tag{8.14}$$

圖 8.4(b)為考慮無陰極旁路電容 C_2 的情形，經推導可得

$$A_v = -\mu \frac{(R_p \parallel R_L)}{(1+\mu)R_K + r_p + (R_p \parallel R_L)} \quad \text{(無陰極旁路電容)} \tag{8.15}$$

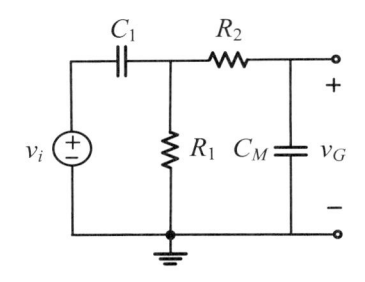

圖 8.5 三極管放大器柵極輸入端的等效濾波電路。

可發現，無陰極旁路電容會使放大倍率降低。若是以壓控電流源模型來計算放大器增益，也可得到相同的放大器增益，其表示式等於將電壓倍率 $\mu = g_m r_p$ 代入(8.14)及(8.15)式的結果。例如將 $\mu = g_m r_p$ 代入(8.14)可得有陰極旁路電容的電流源模型放大增益表示式

$$A_v = -g_m(r_p \| R_p \| R_L) \tag{8.16}$$

計算放大倍率需要參數值 μ、g_m、r_p。由三極管規格書可查得各個參數值，雖然這些參數所標示的量測工作點不會剛好是我們所選的偏壓點，但參數值一般不會相差太多。另外一個得到參數值的方法是，利用參數定義(8.4)、(8.5)及(8.8)，分別由偏壓點附近的特徵曲線估測。以圖 8.3(b)為例，根據(8.5)式的定義，在工作點附近 r_p 的值等於通過 Q 點 $V_G = -1.3$ 的局部曲線斜率的倒數。

工作頻帶：接下來設計柵極輸入端的 RC 濾波電路。雖然 R_1 及 R_2 不會影響頻寬內的放大增益，但會影響放大器工作頻寬。分析放大器頻寬必須考慮寄生電容，柵極與陰極間有寄生電容 C_G，屏極與陰極間有寄生電容 C_P，屏極與柵極間有寄生電容 C_{PG}。因為米勒效應(見 5.2 節)，柵極與屏極間的負增益 A_v 會放大柵極所看到的電容值，柵極與地之間的等效的電容為

$$C_M = C_G + (1 - A_v)C_{PG} \tag{8.17}$$

我們可以得到如圖 8.5 的柵極等效 RC 電路。概率分析可知，C_1 阻絕直流，C_M 濾除高頻，所以整體電路為帶通。此帶通濾波器的低頻與高頻的截止頻率可近似如下

$$f_{low} \approx \frac{1}{2\pi R_1 C_1} \quad \text{(Hz)} \tag{8.18}$$

$$f_{high} \approx \frac{1}{2\pi R_2 C_M} \quad \text{(Hz)} \tag{8.19}$$

在低頻，C_M有如開路，截止頻率由R_1及C_1時間常數的倒數決定；在高頻，C_1有如短路，截止頻率由R_2及C_M的時間常數倒數決定。高頻濾波可抑制高頻雜訊，截止頻率f_{high}即為放大器的頻寬，一般會選擇RC電路，使其頻寬涵蓋希望的音頻操作頻率。由此分析也可知，真空管放大器的操作速率會受限於柵極與屏極寄生電容 C_{PG} 的大小及放大倍率，C_{PG}與放大倍率越大越難操作在高頻。

輸入大小與失真程度：最後，由特徵曲線圖概略分析三極管放大器的輸出波形與失真程度。以圖8.3(b)為例，當柵極輸入電壓改變，會使得操作點由原本的Q點($V_G = -1.3$, $V_p = 150$)沿著負載直線左右移動。假設輸入為振幅 1.2V 的弦波，疊加在 $V_G = -1.3$上，則柵極電壓變化範圍會是 −0.1V 到 −2.5V，對應屏極電壓輸出變動範圍約為70V 到 212V。也就是說，輸出波形的負半週振幅為 80V 而正半週振幅僅為 62V，產生非對稱的柔截波。若偏壓點 Q 選擇越靠近截止點①，輸出波形的正半波越容易被限幅截波，使失真越嚴重。如第七章的分析，對於電吉他放大器而言，這種非對稱的柔截波失真不是壞事，反而能夠產生豐富的偶次諧波，讓聲音更為溫暖飽滿。但若是想要設計高傳真的放大器，偏壓點的選擇還是盡量以不失真為原則。若輸入振幅再加大會發生什麼事?將會使屏極輸出的正負半波皆產生嚴重截波。當正半周過大 $V_G > 0$，柵極電壓高過陰極電壓，造成柵極也開始吸引電子，額外電流流入柵極。但電流流經 R_2 電阻，又迫使耦合到柵極的電壓下降，使V_G約在0附近，結果造成屏極電壓發生硬截波。另外，當負半周過小，V_G低於截止電壓，真空管電流為零，屏極電壓等於電源電壓，也產生硬截波。所以，為避免放大器嚴重失真，容許輸入範圍定義為，避免柵極電壓V_G大過零或小過截止電壓的交流輸入範圍。

【例8.1】A類12AX7真空管放大器：我們以常見的12AX7三極管舉例，設計如圖8.3的A類放大器。表8.1為12AX7規格表，圖8.6則為特徵曲線量測圖。步驟如下：

1) **直流偏壓點**：選取靜態工作點Q為

$$(V_p, I_p) = (140 \text{ V}, 0.63 \text{ mA})$$

接著確認靜態工作點Q的消耗功率小於額定值

$$P_Q = 140 \text{ V} \times 0.63 \text{ mA} = 0.088 \text{ W} < 1 \text{ W}$$

2) **陰極電阻 R_K**：根據特徵曲線圖，可知所選靜態工作點對應的 $V_G = -1$ V。以自我偏壓的方式產生此偏壓，陰極電阻值須為

$$R_K = -V_G / I_p = 1 \text{ V}/0.63 \text{mA} = 1.6 \text{ k}\Omega$$

3) **電源電壓 V_{PP}**：設定電源電壓為 $V_{PP} = 230$V，當柵極電壓低到截止電壓，屏極電流為零，$V_p = V_{PP}$決定了截止點①，連結①點及Q點畫出負載直線。在負載直線與縱軸的交點②，產生最大操作電流

$$I_{MAX} = 1.53 \text{ mA}$$

表 8.1 三極管 12AX7 規格表

額定值	屏極額定功率 $P_{p,\,max}$	1 W
	屏極額定電壓 $V_{p,\,max}$	300 V
	屏極額定電流 $I_{p,\,max}$	8 mA
燈絲加熱	直流或交流電	並聯 6.3 V, 0.3 A
		串聯 12.6V, 0.15A
寄生電容	控制柵極輸入電容 C_G	1.8 pF
	屏極輸出電容 C_P	1.9 pF
	屏極與控制柵極間電容 C_{PG}	1.7 pF
	陰極與加熱燈絲 C_{KH}	5 pF
常見操作點與參數	屏極電壓 V_p	100 V
	屏極電流 I_p	0.5 mA
	控制柵偏壓 V_G	-1 V
	轉導 g_m	1.25 mS
	屏極內阻 r_p	80 kΩ
	電壓放大倍率 μ	100

4) **屏極電阻 R_p**：在點②處 $V_p = 0$，所有電源電壓 V_{PP} 都落在電阻 R_p 上，產生最大電流 I_{MAX}。因此可以求出所需屏極電阻值

$$R_p = V_{PP} / I_{MAX} = 230 \text{ V}/1.53 \text{ mA} = 150 \text{ k}\Omega$$

5) **放大倍率**：根據(8.4)式，可由 Q 點附近特徵曲線圖可以估算靜態操作點附近的轉導值。令 V_p 固定為 140V，可得

$$g_m \approx \left.\frac{\Delta I_p}{\Delta V_G}\right|_{V_p=140\text{V}} = \frac{1.45 - 0.17}{-0.5 - (-1.5)} = 1.28 \text{ mS}$$

由圖估算之值與規格表 8.1 所列之值 $g_m = 1.25$mS 相差不遠。同樣的，也可由圖 8.6 在 Q 點附近的 $V_G = -1$ V 曲線斜率的倒數得到 r_p 的估算值，也與規格表 8.1 的值相去不遠，所以我們可以直接用規格表的參數值計算放大器增益。假設負載電阻為 $R_L = 220$ kΩ，且陰極並聯旁路電容 $C_2 = 100$μF。根據壓控電壓源模型，則由 (8.13)可得放大器增益

$$A_v = -\mu \frac{(R_p \| R_L)}{r_p + (R_p \| R_L)} = -100 \frac{(150\text{k}\Omega \| 220\text{k}\Omega)}{80\text{k}\Omega + (150\text{k}\Omega \| 220\text{k}\Omega)} = -53$$

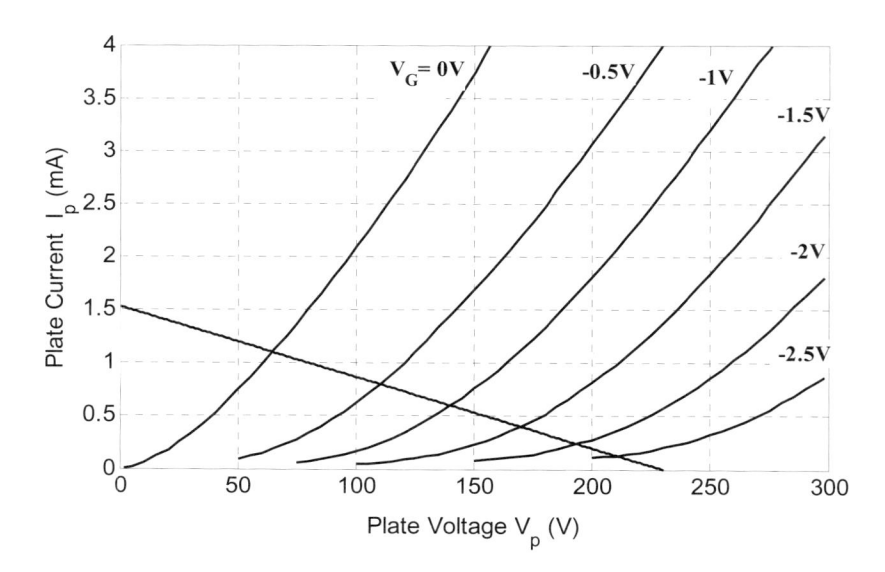

圖 8.6　三極管 12AX7 的特徵曲線量測圖及所選取的負載直線

若無陰極旁路電容，則增益變為

$$A_v = -\mu \frac{(R_p \| R_L)}{(1+\mu)R_K + r_p + (R_p \| R_L)} = -100 \frac{(150\text{k}\Omega \| 220\text{k}\Omega)}{101 \times 1.7\text{k}\Omega + 80\text{k}\Omega + (150\text{k}\Omega \| 220\text{k}\Omega)} = -26$$

6) **輸入端濾波電路**：柵極端的 RC 電路與米勒電容形成帶通濾波，決定了放大器的工作頻帶。由規格表可知三極管的寄生電容值，假設採用沒有陰極旁路電容的設計，增益為 $A_v = -26$，根據(8.17)式推算米勒電容大小

$$C_M = C_G + (1 - A_v)C_{PG} = 1.8 + 27 \times 1.7 = 48 \text{ PF}$$

若我們希望放大器的工作頻帶涵蓋 30Hz 到 20kHz，根據(8.18)及(8.19)的截止頻率算式，可選取

$$C_1 = 10 \text{ nF}, R_1 = 500 \text{ k}\Omega, R_2 = 150 \text{ k}\Omega$$

7) **容許輸入範圍**：根據圖 8.6 可知容許的交流輸入振幅為 1V，振幅超過 1V 會產生嚴重失真。　□

電吉他電路

(a)電路符號　　　**(b)三極管模式**　　　**(c)五極管模式**

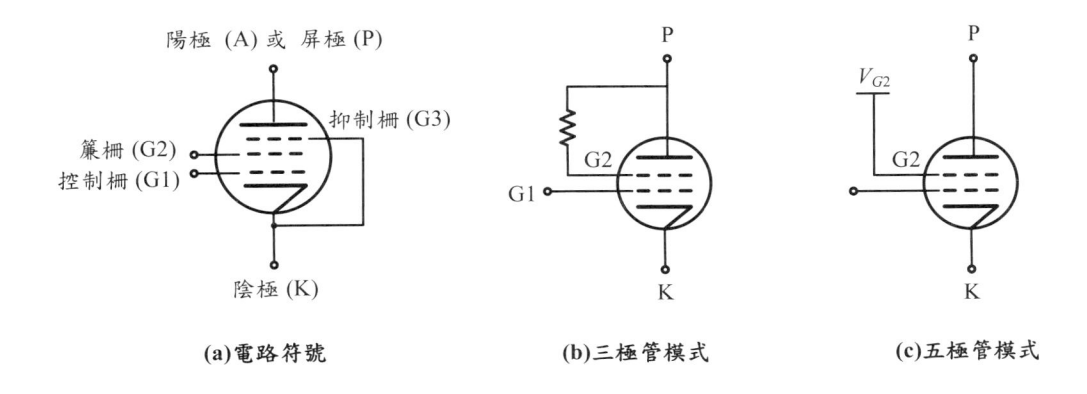

圖 8.7　五極管：(a)電路符號，抑制柵通常一般會在真空管內部直接與陰極連接，不需作外部連接，故可在電路中忽略此柵；**(b)**當簾柵直接連接屏極或透過一個電阻連接屏極時，五極管特性有如三極管。**(c)**當簾柵連接比屏極更高的固定電壓，則會操作在五極管模式。

8.3　五極管功率放大器

　　同樣大小的五極管(Pentode)與三極管比較，五極管往往有較大的電壓放大倍率、較大轉導、較大的屏極內阻、較大的額定電壓與功率，但雜訊較大。所以電吉他放大器往往使用三極管作為前級電壓放大，使用五極管作為後級的功率放大。EL34、EL84、6L6、6V6 等真空管型號常被用於電吉他音箱的功率放大器，Marshall、Vox、Hiwatt 等英國廠商多用 EL34 與 EL84，而美商 Fender 及 Gibson 則偏好 6L6 與 6V6。

　　圖 8.7(a)顯示五極管的電路符號。五極管除了控制柵極外多了兩個額外的柵極，分別稱為簾柵(Screen Grid)與抑制柵(Suppressor Grid)。位於控制柵極與屏極間的簾柵，接高電壓可吸引更多電子流，提升放大倍率；並可提供靜電屏蔽效果，能有效降低控制柵極與屏極的寄生電容，提升頻寬。三極管加上額外的簾柵，只能稱為四極管(Tetrode)。但若僅添加簾柵會些負面效果，簾柵的高電壓會加速電子，高速電子撞擊屏極會使屏極發射電子，產生二次放射效應(Secondary Emission)；使得部分二次放射的電子飛向簾柵，造成額外簾柵電流與能量損失，產生討厭的非線性特性及振盪。也因為要解決這些負面的影響，才會在簾柵與屏極間再多加一個抑制柵。抑制柵一般會直接與真空管內的陰極連接，相對於屏極為負電位，用來排斥二次放射電子，避免二次放射電子飛向簾柵。

　　圖 8.7(b)(c)顯示五極管在不同的簾柵連接方式下的兩種操作模式：三極管模式與五極管模式。當簾柵連接屏極，使電壓隨屏極電壓一起變動時，五極管的表現有如三極管；當簾柵連接比屏極更高的固定電壓，則會操作在五極管模式。不同操作模式有不同的電壓電流特徵曲線。在三極管模式下，五極管有典型三極管特徵曲線。在五極管模式下，則有非常類似於雙極性電晶體或場效電晶體的特徵曲線，當屏極電壓大於某值後曲線變得非常平，代表 r_p 非常大；接近水平的曲線間距非常大，代表 g_m 非常

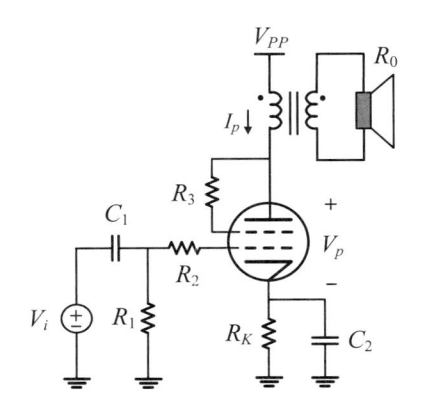

圖 8.8 操作在三極管模式下的五極管 A 類功率放大器。屏極透過一個降壓變壓器連接喇叭，降壓轉換器用來匹配屏極的高阻抗與喇叭的低阻抗，將輸出高電壓低電流轉換成低電壓高電流來驅動低阻抗的喇叭。

大，造成 $\mu = g_m r_p$ 也非常大。三極管模式下的 A 類放大器可輸出的功率較小，但可輸出豐富的偶次諧波音染，產生典型真空管機的溫暖甜美聲音；五極管模式的 A 類放大器可有較高的輸出功率，但聲音聽起來較像電晶體機。也因為這個原因，在不需要非常大聲響的場合，樂手都較偏好三極管放大模式的聲音。除了將五極管操作在三極管模式，當然，我們也可以買大瓦數的三極管直接做功率放大器，但跟相同瓦數的五極管比起來，三極管貴且選擇性少。因此接下來會針對操作於三極管模式的功率放大器作設計。

圖 8.8 顯示五極管 A 類功率放大器。簾柵透過 R_3 電阻連接屏極，使五極管操作在三極管模式。簾柵電壓比屏極電壓小一點，隨屏極電壓變化。R_3 電阻值一般在 100Ω 到 1kΩ 之間，目的為限流限壓，避免簾柵超過額定電壓與功率，且防止局部震盪。跟前一節的前級放大電路一樣，控制柵極端有 RC 帶通濾波電路，阻絕直流，耦合音頻信號，並濾除高頻雜訊；陰極電阻則是作為自我偏壓。跟之前很不一樣的是，屏極透過一個變壓器來驅動喇叭，原因是，真空管放大器的輸出阻抗高，高電壓低電流的輸出無法直接驅動低阻抗的喇叭，因此需要一個變壓器將放大器的高電壓低電流輸出轉換成低電壓高電流來驅動喇叭。

變壓器耦合喇叭作為負載，與直接接電阻作為負載有很大的不同。由於變壓器在直流時沒有耦合能力，所以負載方程式必須有修正如下：

$$V_{PP} = R_K I_p + R_L (I_p - I_{p,Q}) + V_p \quad \text{（變壓器耦合負載方程式）} \quad (8.20)$$

其中 $I_{p,Q}$ 為所設定的屏極靜態電流，而 $I_p - I_{p,Q}$ 為屏極變動電流。為了畫出交流負載直線，一般需要找出最大屏極電壓點(截止點)與最大屏極電流點。當無輸入信號時，變動電流為零 $I_p - I_{p,Q} = 0$，屏極僅有直流電流 $I_{p,Q}$，變壓器為短路，因此屏極輸出短路到

表 8.2 五極管 EL34(或 6BQ5)的規格表

額定功率	屏極額定功率 $P_{p,\max}$	12 W
	簾柵額定功率 $P_{S,\max}$	2 W
額定電壓	屏極額定電壓 $V_{p,\max}$	300 V
	簾柵額定電壓 $V_{S,\max}$	300 V
燈絲加熱	直流或交流電	6.3 V, 0.76 A
寄生電容	控制柵極輸入電容 C_G	10 pF
	屏極輸出電容 C_P	5.1 pF
	屏極與控制柵極間電容 C_{PG}	0.6 pF
(三極體模式) 建議操作點 與參數	屏極電壓 V_p	250 V
	屏極電流 I_p	40 mA
	控制柵偏壓 V_G	-7.0 V
	簾柵電阻 R_3	1 kΩ
	轉導 g_m	11 mS
	屏極內阻 r_p	2 kΩ
	電壓放大倍率 μ	22
	一次側反射阻抗 R_L	2.5 kΩ

電源電壓 $V_p = V_{PP}$，靜態操作點 Q 為 $(V_P, I_p) = (V_{PP}, I_{p,Q})$。當有交流輸入時，變壓器將喇叭阻抗反射到一次側作為放大器的負載，而放大器所產生的交流信號會疊加在電源電壓 V_{PP} 上作正負變化。由於反相放大，屏極電流越小，屏極輸出電壓越大，最大輸出電壓會出現在屏極電流 I_p 小到變成零時。根據(8.20)式，最大屏極電壓為

$$V_{p,\max} = V_{PP} + R_L I_{p,Q} \tag{8.21}$$

最大電流則發生在屏極電壓為零時，由(8.20)式可得

$$I_{p,\max} = \frac{V_{PP} + R_L I_{p,Q}}{R_K + R_L} \approx \frac{V_{PP}}{R_L} + I_{p,Q} \qquad (R_L \gg R_K) \tag{8.22}$$

在特徵曲線圖中標出最大電壓點與最大電流點，連接兩點可得變壓器耦合負載直線，而此負載線會自然通過偏壓點 Q。

【例 8.1】A 類 EL34 功率放大器：我們以曙光電子(Shuguang)所生產的五極管 EL34 為例設計三極管模式的 A 類功率放大器。表 8.2 列出重要的規格。

1) **選擇直流偏壓點**：選擇靜態工作點 Q 為$(V_P, I_p) = $ (240V, 38mA)，電壓電流皆小於額定值。對 A 類放大器而言，最大消耗功率發生在無輸入信號的靜態工作點，確認消耗功率小於額定功率：

$$P_Q = 240 \text{ V} \times 38 \text{ mA} = 9.12 \text{ W} < 12 \text{ W}$$

2) **選擇陰極偏壓電阻 R_K**：根據特徵曲線圖 8.9，可知所選靜態工作點對應柵極電壓為 $V_G = -7.5$ V。為產生此偏壓，陰極電阻值須為

$$R_K = -V_G / I_p = 7 \text{ V}/38 \text{ mA} = 197 \text{ } \Omega \approx 200 \text{ } \Omega$$

3) **選擇電源電壓 V_{PP}**：音頻變壓器耦合喇叭作為負載，在直流無輸入信號下，變壓器線圈為短路，屏極電壓等於電源電壓，因此可由靜態偏壓推導出所需電源電壓

$$V_{pp} = V_p + R_K I_p = 240 + 7.5 = 247.5 \approx 250 \text{V}$$

4) **選擇變壓器**：變壓器需有至少 $I_p = $ 38mA 直流電流耐受力及恰當的繞線圈數比來匹配阻抗。由五極管的規格表可知所建議的負載阻值為 2.5kΩ。可選擇哈蒙德公司(Hammond)所生產的 125BSE 音頻變壓器，可承受 45mA 直流電流，5W 額定功率，工作頻率範圍 100Hz 到 15kHz，透過不同的接線可將 4Ω 或 8Ω 的喇叭阻值轉換到一次側為 2.5kΩ。這裡採用 8Ω 喇叭，阻抗比與繞線圈數的平方成正比，也就是說，變壓器繞線圈數比為

$$\frac{n}{1} = \sqrt{\frac{2500}{8}} = 17.7$$

5) **計算放大倍率**：信號放大倍率為五極管放大器增益及變壓器電壓轉換倍率的乘積。由於降壓變壓器會使放大倍率大幅衰減，可以在五極管陰極接 $C_2 = 220$ μF 的旁路電容，些微提升放大倍率。利用壓控電壓源模型以及表8.2的參數值，可得三極管操作模式下的放大器增益

$$A_v = -\mu \frac{R_L}{r_p + R_L} = -22 \frac{2.5\text{k}\Omega}{2\text{k}\Omega + 2.5\text{k}\Omega} = -12.2$$

變壓器電壓比與繞線圈數 n 成正比，因此輸出電壓經變壓器降壓為原本 $1/n$。輸入到喇叭的增益為

$$\text{整體增益} = |A_v|/n = 12.2/17.7 = 0.69$$

6) **輸入濾波電路**：柵極端的 RC 電路與米勒電容形成帶通濾波，決定了放大器的工作頻帶。由規格表可知五極管的寄生電容值，根據(8.17)式推算米勒電容

$$C_M = C_G + (1 - A_v)C_{PG} = 10 + 13.2 \times 0.6 = 18 \text{ PF}$$

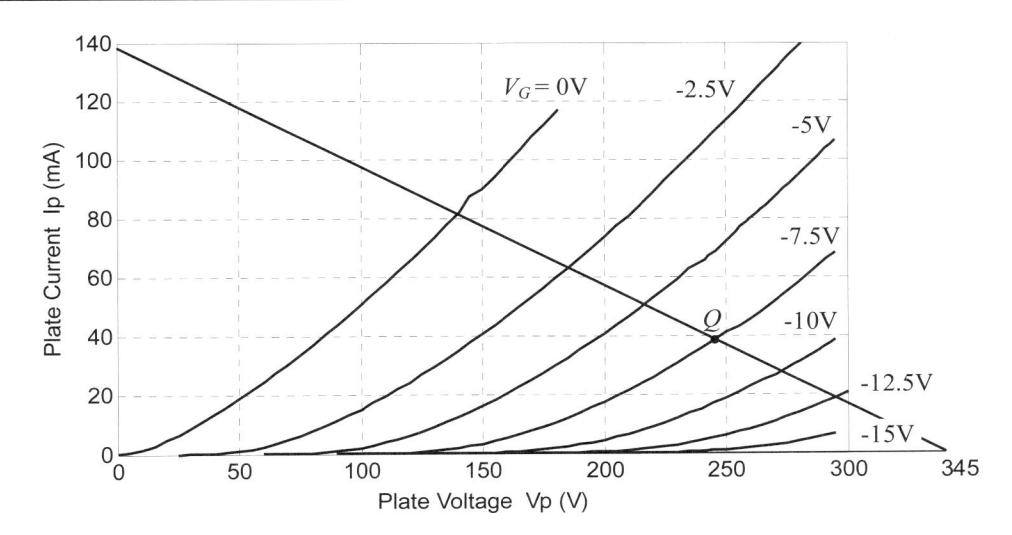

圖 8.9　操作在三極管模式下的 EL34 特徵曲線量測圖(簾極電阻 R_3=1kΩ)及變壓器耦合負載直線

若我們希望放大器的工作頻帶涵蓋 30Hz 到 20kHz，根據(8.18)及(8.19)的截止頻率算式，可選取

$$C_1 = 10 \text{ nF}, R_1 = 500 \text{ k}\Omega, R_2 = 390 \text{ k}\Omega$$

7) **輸入與輸出範圍**：為了估算放大器的輸入與輸出範圍，須在特徵曲線圖繪出負載直線，找出不造成輸出嚴重截波的電壓範圍。首先，根據(8.21)及(8.22)式計算最大屏極電壓及最大屏極電流

$$V_{p,\max} = V_{PP} + I_{p,Q}R_L = 250\text{V} + 38\text{mA} \times 2.5\text{k}\Omega = 345\text{V}$$

$$I_{p,\max} = \frac{V_{PP}}{R_L} + I_{p,Q} = \frac{250\text{V}}{2.5\text{k}\Omega} + 38\text{mA} = 138 \text{ mA}$$

在特徵曲線圖標示出最大電壓點與最大電流點，可得交流負載直線，而此負載線會通過偏壓點 Q。由圖可知最大輸出範圍為 135V 到 345V，超過此範圍會被截波。最大輸出範圍約為靜態輸出電壓 240V ±105V，屏極最大交流輸出峯值為 $v_{p,peak}$=105V。我們可以估算容許的最大交流輸入峯值等於

$$v_{i,peak} = v_{p,peak} / |A_v| = 105\text{V}/12.2 = 8.6\text{V}。$$

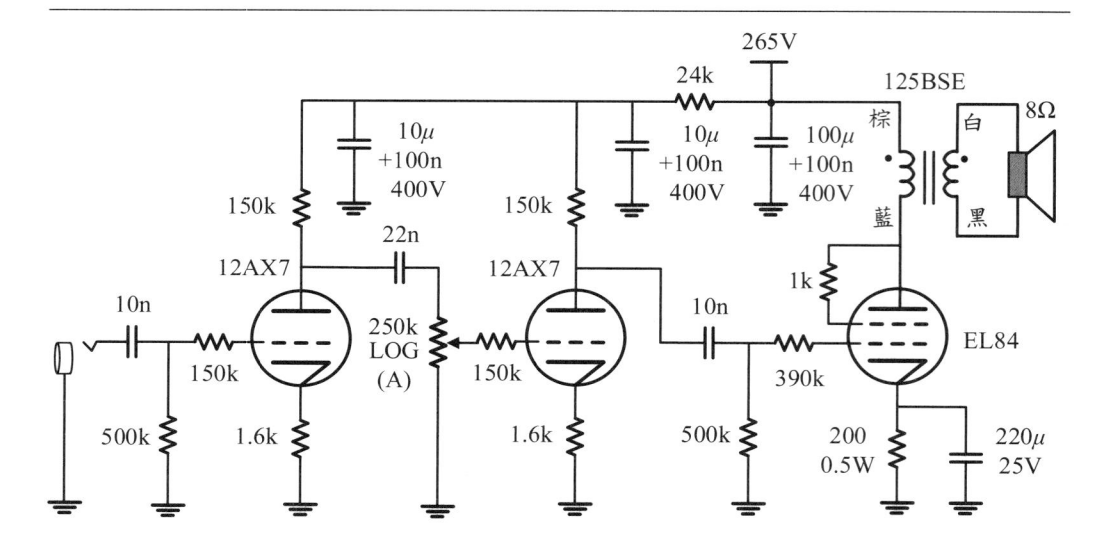

圖 8.10 完整單聲道 A 類真空管放大器。

輸出給喇叭的交流峯值為

$$v_{o,peak} = v_{p,peak} / n = 105\text{V}/17.7 = 5.9\text{V}。$$

8) **計算最大輸出功率**：輸出給喇叭的最大平均功率約為

$$P_{out} = \frac{v_{o,peak}^2}{2R_0} = \frac{5.9^2}{2 \times 8} = 2.2 \text{ W}$$

放大器輸出功率為 2.2W，雖無法產生震耳欲聾的聲響，但對電吉他個人彈奏而言已能發出足夠大的聲響了。 □

8.4　整體放大器與電源電路設計

　　我們規劃整體真空管放大器包括兩個 12AX7 前置放大器及音量控制，以及後級 EL84 功率放大器。結合例 8.1 及例 8.2 設計，可以得到圖 8.10 的完整放大器。首先決定電源電壓，例 8.2 設計假設耦合喇叭的音頻變壓器一次側直流阻值為零，所以無交流輸入時，屏極會直接短路到電源 V_{PP}。但事實上，變壓器的直流阻值不會為零，例

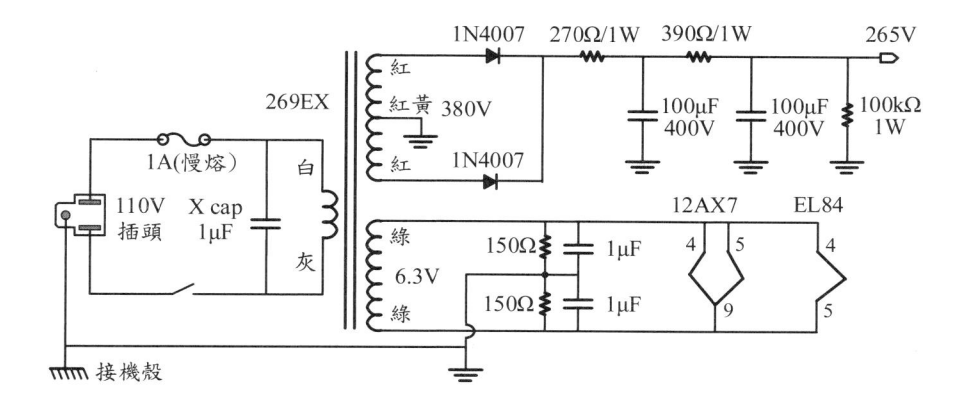

圖 8.11 為圖 8.10 真空管放大器所設計的電源電路。

如採用的 125BSE 變壓器的一次側值流阻值約為 350Ω。若希望更準確的設定操作點，可以將變壓器的直流阻值納入設計。例如，希望 EL84 五極管屏極電壓約 250V 及電流 38mA，考慮靜態電流通過變壓器產生的壓降，我們可以選取後級電源電壓為 V_{PP}=265V。另外，利用電阻降壓，產生適當直流電壓作為前級電源。由例 8.1 可知前級單個電壓放大器的偏流為 0.63mA，兩個合起來為 1.26mA，所以如圖 8.9 選取 24kΩ 串聯電阻來製造約 30V 的降壓，造出約 235V 直流電壓作為前級電源。為降低各級放大器間的干擾並降低電源高頻雜訊，可以在每個真空管放大器並聯一大一小旁路電容，其中小電容是用來彌補大電容高頻響應的不足。由例 8.2 的 7)可知，使後級飽和產生截波所需交流輸入振幅為 8.6V。假設電吉他拾音器輸出振幅約 30mV，則所需讓後級飽和的前級放大器增益為 8.6V/30mV=287。兩個例 8.1 中的無陰極旁路電容的前置放大器，所產生的增益已足以讓後級飽和。並在兩電壓放大器間插入音量控制的電位器，最後得到圖 8.10 的電路。

真空管放大器需要數百伏特的直流電源及燈絲加熱的低壓直流或交流電源。最簡單產生這些電源的方法是選用專門為真空管放大器設計的電源變壓器，例如哈蒙德公司的 200 系列變壓器(Hammond 200 Series)。將 110V/60Hz 的市電，經變壓器轉換到適當電壓後整流與濾波，得到所需的直流電。圖 8.11 為典型的真空管電源電路，目的為提供圖 8.10 真空管放大器所需要的 265V 直流電源以及 6.3V 燈絲電源。變壓器選用哈蒙德 200 系列的 269EX，二次側有兩個繞組，其中一個繞組的輸出為方均根值為 6.3V 的交流電(可提供 2.5A 輸出電流)，可直接以交流電供給加熱燈絲。另一個繞阻輸出方均根值約為 380V 的交流電(可提供 71mA 輸出電流)。此繞組有中央抽頭，將抽頭接地後可以得到繞組兩端為反相的 190V 交流電，透過兩個 1N4007 二極體(耐流為 1A、耐壓 700V)整流成 120Hz 的脈波直流。再透過兩組低通 RC 電路作降壓與濾波，目標是降壓至 250V，並濾除 120Hz 的漣波，得到穩定的直流電壓。電源的平均輸出電流等於放大器的靜態操作點電流，約等於 39.2mA。此電源轉換電路在無負載時直流輸出約為 290V，因此濾波電路中的總電阻值約需要 610Ω，產生約 25V 的壓降，得到 265V 的輸出電壓。決定電阻後即可決定電容值，產生約 5Hz 截止頻率的二階低通濾波。

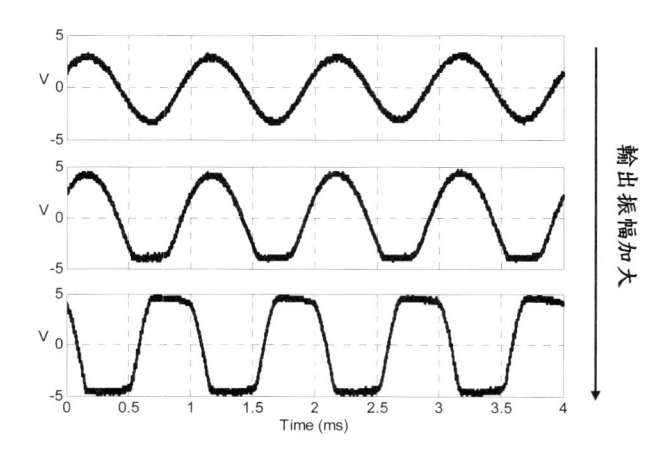

圖 8.12　真空管擴大機不同失真程度的 1kHz 輸出量測波型。

　　燈絲有二種給電方式：交流電或直流電。交流電往往比較簡單，不需要額外的整流濾波穩壓；但交流電加熱燈絲的壞處是，交流電容易經寄生電容耦合至真空管的其他電極，經放大後產生擾人的低頻交流哼鳴，這種情形特別容易發生在高增益的前置放大器。表 8.1 顯示三極管 12AX7 的陰極與燈絲之間存在高達 5pF 的寄生電容，這也使得燈絲的交流電容易耦和微弱的 60Hz 信號至陰極，經放大產生哼鳴。抑制交流哼鳴的簡單方法是以大小相同、相位相反的交流電以差動的方式加熱燈絲，使得燈絲兩端耦合至陰極的信號永遠反相而抵銷。若變壓器 6.3V 輸出繞阻有中央抽頭，我們可以很容易做到差動加熱燈絲，只要將中央抽頭接地後兩端連接燈絲，即可保證燈絲兩端交流電大小相等相位相反。若變壓器 6.3V 輸出繞阻無中央抽頭，則可利用如圖 8.11 的方法，利用電阻電容分壓製造出中間準位，並將中間準位接地，也可保證輸出兩端為同振幅且反相的交流電。

　　此電源電路有幾個跟安全有關的幾個常見設計。首先，變壓器一次側接有一安培額電電流的保險絲作為過電流保護。選擇慢熔型保險絲，避免電源啟動初期電容充電的短暫大電流將保險絲熔斷。另外，還有一個 1µF 的 X 電容作為差模電磁干擾的抑制。X 電容代表適合用於市電線對線的濾波，並通過安規認證的電容，此種安規電容能承受一定程度的閃電造成的高壓突波，有非常低的電阻性損失避免發熱，就算電容損壞也保證不會造成電源線對線的短路引起火災，見附錄 C 的介紹。另外圖 8.11 中 265V 直流輸出端接 100kΩ 電阻是為了高壓電源的安全考量，當電源斷電時，希望透過此電阻將濾波電容放電，避免手觸摸電源時導致觸電。

　　圖 8.12 顯示真空管擴大機輸出給喇叭的波形。給定不同振幅的 1kHz 測試輸入信號，當輸出振幅在 3V 以下，無明顯失真；當輸出振幅為 4V 時，產生非對稱的截波；輸出振幅更大時，正負週期都在 5V 左右產生截波。最終還是產生對稱的嚴重截波，輸出幅值比預期的 5.9V 容許輸出振幅低。

　　整體來說，A 類真空管擴大機很適合電吉他，擴大機產生的額外諧波，使電吉他的聲音更飽滿而溫暖。就如同做出英國第一個電吉他喇叭音箱的查理·沃特金斯 (Charlie Watkins)所言，電吉他的聲音要好聽的秘密在於擴大機的破音。但若拿此 A 類小功率真空管擴大機播放音樂，會發現聲音一點都不好聽，過多樂器彼此的互調失真使得音樂變得吵雜而模糊。電吉他的擴大機為樂器的一部分，追求音染效果；但聽唱片用的擴大機則需力求不失真。這也就是為什麼市場上充斥著高單價、超過一百瓦的高功率擴大機，主要是希望在聆聽大動態範圍的音樂時，可以清晰重現最微弱聲響與與巨大聲響，而不產生失真，這是小功率擴大機難以做到的。

9

D 類功率放大器

二十一世紀初各式各樣手機與多媒體播放裝置不斷出現，這些電池供電的裝置需要較高效能的積體電路與放大器，以延長電池的使用時間。傳統的 A 類及 AB 類放大器能量損耗大且易發熱，唯有高效率的 D 類功率放大器才符合需求。其實 D 類功率放大技術在 1970 年代就已開始發展，但早期此類切換式放大器的雜訊與諧波往往過大，不適合驅動喇叭播放音樂，因此多用於馬達驅動與電源轉換。近年來，由於回授控制技術的成熟，使得 D 類放大器也能有超越傳統放大器的低雜訊與高線性度，再加上低耗能與容易小型化的特性，使得此技術越來越普遍。

9.1 D 類功率放大器的特性

D 類功率放大器(Class-D Power Amplifier)的特點是將電晶體當開關使用，如圖 9.1 推挽式架構，兩電晶體為互補開關，一個短路則另外一個為開路，僅能切換電壓，每個時間點選擇正或負電源電壓輸出給喇叭。如何使喇叭產生連續平滑的樂音呢？原理是使功率放大器隨時間改變正負輸出電壓所佔的時間比例，產生一連串不同寬度的脈波，經過低通濾波的時間平均效果，即可產生連續變化的平滑輸出信號。假設切換頻率遠高於音頻，喇叭與人耳聽覺皆為低通濾波系統，可濾除切換雜訊，產生時間平均的效果，自動擷取出藏在一連串脈波的音樂信號。原理有如 LED 燈，燈以超過人眼頻寬的速率快速的明暗切換，則我們感覺不到燈的切換，發光的時間比例較多則我們感覺比較亮。D 類功率放大器與其他功率放大器比較，在特性上有兩點非常大的差異：

1) **損耗與效率**：D 類功率放大器效率非常高，理想中效率為 100%。以圖 9.1 為例，若上面 PMOS 電晶體導通，電晶體跨壓為零，損耗功率為零；下面 NMOS 電晶體關閉，跨壓很大但無導通電流，消耗功率也是零。但實際上，電晶體並非理想的開關元件，切換需要時間，會有短暫的非零電壓電流，造成切換損失(Switching Loss)；另外導通時跨壓也不會完全為零，因而會有導通損失(Conduction Loss)。實際功率效率與選用的功率電晶體有很大的關係，常見 D 類放大器的效率約落在 80%~95%。

2) **失真與雜訊**：電晶體切換容易造成非常大的諧波與切換雜訊，因此 D 類功率放大器，在沒有迴授的狀況下，不適合用於音響放大器使用。迴授控制電路可大為改善 D 類功率放大器的線性度並有效消除音頻內的雜訊，以目前的迴授控制技術，可以輕易的將音頻內的總諧波失真與雜訊降低到 0.1%以下，足以使 D 類功率放大器可以在線性度與信號品質方面與其他類型功率放大器相抗衡。

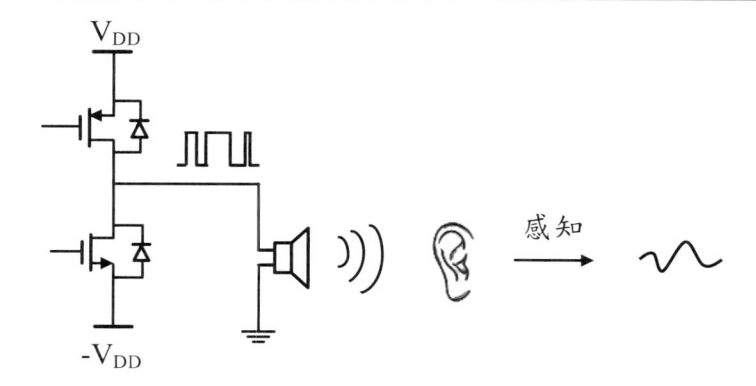

圖 9.1 D類音頻功率放大器：電晶體互補開關以兩幅值切換脈波驅動喇叭，低通的聽覺系統自動濾除高頻切換雜訊，擷取出藏在高頻雜訊中的音樂。

9.2 迴授調變技術

　　D類功率放大器的核心是**脈波寬度調變**(PWM，Pulse Width Modulation)電路，負責將音頻輸入信號轉換成一位元(兩幅值)的切換信號，使其脈波寬度隨輸入信號大小變化。問題是

如何將連續的音源信號轉換成兩幅值的不連續切換信號，而不產生音頻雜訊與失真？

　　對於這個設計問題，圖9.2的質量與庫侖摩擦力系統可以給我們很棒的啟發與靈感。質量為m的物體在具摩擦力的表面做一維運動。假設摩擦力f_s遵循庫侖(Charles Augustin Coulomb)在1785年所提出簡單數學模型

$$f_s = A \, \text{sign}(v) \tag{9-1}$$

其中 $\text{sign}(v)$代表取 v 的正負號。摩擦力 f_s 只有兩個可能幅值，當物體速度 v 為正時，$f_s = A > 0$；當物體速度 v 為負時，$f_s = -A$；當速度為零，摩擦力可以為 A 或$-A$，可以自行指定。兩幅值的摩擦力模型，乍看之下很不可思議，但仔細分析可以發現奇妙之處。當外力大小比 A 小時，假設物體初始速度 v 比零大，往右移動。根據庫侖的模型，此時摩擦力為 $f_s = A$ 。但由於摩擦力比外力 f 大，迫使物體轉向，往左移動。負的速度造成摩擦力變號 $f_s = -A$ ，又迫使物體改變運動方向，往右移動。依此類推，可以想像最後物體會在原點，以無窮高的頻率作無窮小的抖動。由於世界上沒有一台儀器有無窮高的頻寬與無窮高的精度，可以量測出這樣微小的無窮高速抖動，所以我們可以很公允的說，物體在巨觀上為靜止不動。結果跟我們的經驗吻合，當外力小於靜摩擦力 A 時，物體靜止不動。外力大過靜摩擦力 A 時，物體才會開始移動。

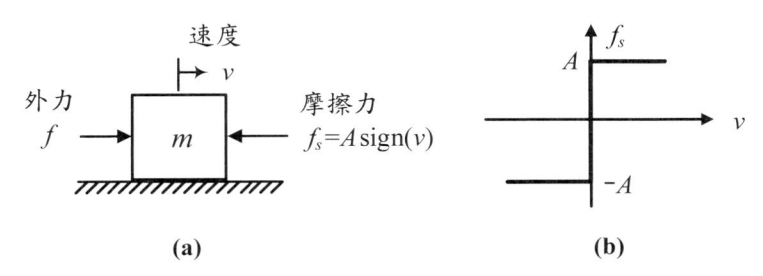

圖 9.2 有趣的質量與庫侖摩擦力系統：(a)示意圖；(b) 二幅值庫侖摩擦力。

　　根據牛頓運動定律，力使靜止物體運動。有趣的是，在這個例子中，合力 $f - f_s$ 在任何時刻皆不為零，物體卻不會動(或是在巨觀上不會動)。到底是甚麼原因使物體不受外力的影響而不動呢？在生活中有很多類似的例子，我們聽不到超音波，看不到紫外線，不代表它們不存在。這些例子給我們的啟發是

當外力輸入超過系統頻寬，系統沒有反應。

質量為低通慣性系統，當作用力非常高頻，質量很難有反應。更重要的問題是：兩幅值的庫侖摩擦力是如何正確抵銷外力後，使合力落於物體頻寬之外？關鍵是**負回授**與**濾波**。將物體運動方程式寫出

$$m\frac{dv}{dt} = f - f_s \tag{9-2}$$

也可以表示為

$$v(t) = \frac{1}{m}\int_0^t \left[f(\tau) - f_s(\tau)\right] d\tau \tag{9-3}$$

由(9-1)及(9-3)式，我們可以得到圖 9.3(a)的負回授系統。此負回授會使物體動能 $0.5mv^2$ 的時變率為負的，自動消耗動能。在 $|f| < A$ 及 $v \neq 0$ 的條件下，

$$\frac{d}{dt}\left(0.5mv^2\right) = mv\frac{dv}{dt} = v(f - f_s) = v(f - A\,\text{sign}\,v) = |v|(f\,\text{sign}\,v - A) < 0 \tag{9-4}$$

此回授系統自動消耗動能，強迫物體靜止。令(9.2)式初始速度為零後取拉氏轉換，可得庫侖摩擦力的表示式

$$F_s(s) \;=\; F(s) \;-\; msV(s) \tag{9-5}$$
庫侖摩擦力　＝　　外力　　＋　高頻切換雜訊

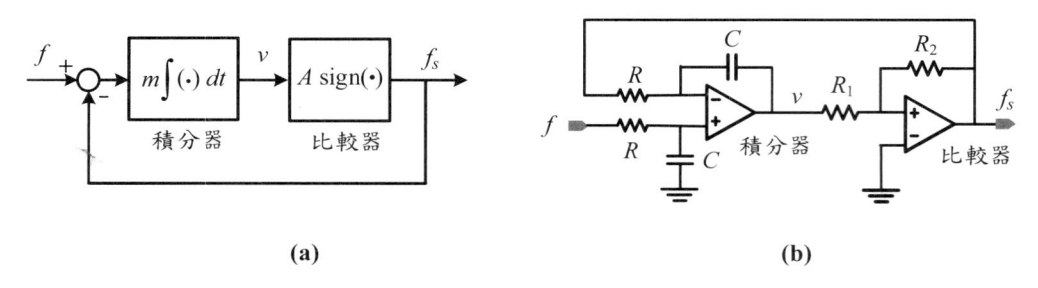

圖9.3 (a)質量與庫倫摩擦力系統方塊圖;(b) Sigma-Delta 調變器電路實現。

摩擦力含有外力成分及高頻雜訊。由(9-5)式可發現，雜訊部分由不斷切換的速度信號組成。理想中，此負回授系統會以無窮快的頻率切換 f_s，不斷限制 v 在零附近無窮小的區間作極高頻抖動。就算速度不完全為零，雜訊項中還有個微分器 ms (為質量動態積分器的倒數)，令 $s = j\omega$，得到微分器的增益 $|mj\omega| = m\omega$。微分器低頻增益小而高頻增益高，有如將雜訊重新作頻率分布，將雜訊推向高頻。也就是說，庫侖摩擦力在低頻幾乎沒有雜訊，僅含有外力成份。在有限頻寬內，物體感覺庫侖摩擦力與外力，大小相等方向相反，因而幾乎不動作。

庫侖摩擦力系統提供一個將連續信號 f 轉換成一位元切換信號 f_s 的方法。將圖9.3(a)的方塊圖以電路實現，得到圖9.3(b)的電路，其中 $RC=1/m$，比較器遲滯為零($R_2=\infty$)，比較器輸出則為 $\pm A$。這個電路一般稱為積分微分調變器(Sigma-Delta Modulator)[1]。非常有趣的，這個電路跟我們之前學過的弛緩振盪器(圖 6.5) 基本上是同一個電路，只差在圖 9.3(b)的調變電路中的積分器多了輸入信號。當沒有輸入信號時，此電路會產生極高頻的三角波信號(積分器輸出)及方波信號(比較器輸出)；提高遲滯大小，可降低震盪頻率。此調變器利用回授的方式執行脈波寬度調變，脈波寬度隨輸入信號大小改變，輸入信號越大，脈波寬度越大；輸入信號越小，脈波寬度越小。藉由這樣的方式將輸入信號的資訊藏在一連串脈波中。而此種回授調變的方法自動保證大部分切換雜訊都在高頻，因此，將一位元的切換信號 f_s 通過低通濾波器，可還原出藏在脈波中的輸入信號 f。

理想中，圖 9.3 的回授調變器的切換速度為無窮快時，使 v 任意的小；但真實電路與元件都有速度的限制，沒有任何電路可以有無窮高的速度，作無窮快切換。比較可行的電路實現，是藉由設定比較器的遲滯 $\pm h$，來限制調變器輸出切換頻率：遲滯越大切換頻率越低，使電路有足夠的時間完成每次的切換動作。遲滯大小 h 決定了 v 大小，理想中

$$|v| \leq h \tag{9-6}$$

---

[1] B. Razavi, "The delta-sigma modulator: a circuit for all seasons," *IEEE Solid-State Circuit Magazine*, pp. 10-15, 2016.

電吉他電路 101

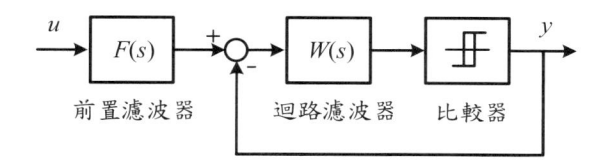

圖 9.4 常見高階 Sigma-Delta 調變器架構，前置濾波器用來限制輸入頻寬，但不一定需要。

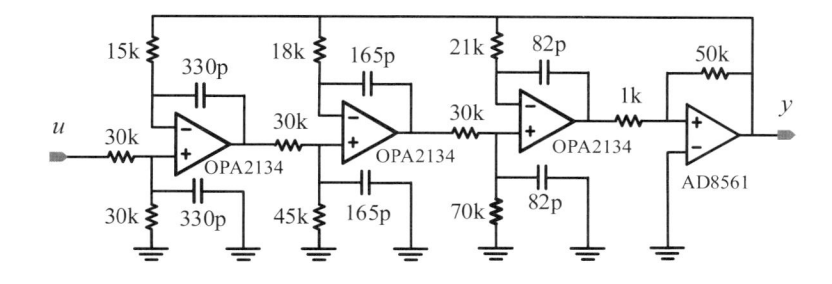

圖 9.5 三階 Sigma-Delta 調變器：三個積分器組成迴路濾波器，AD8561實現遲滯比較器。

切換雜訊與 v 有關，儘管 v 不為零，還可以藉由回授濾波機制改變雜訊的頻率成分，自動抑制迴路濾波器(積分器)頻帶內的雜訊，使大部分雜訊都落於頻寬之外。

見圖 9.4，Sigma-Delta 調變器的迴路濾波器 W 不一定是積分器，為了要有更好的性能，可以是雙積分器，或是其他高階的臨界穩定濾波器。一般為了增進性能並使回授穩定，高階迴路濾波器的選擇準則為

(1) 迴路濾波器的分母多項式次數不可大於分子次數超過 1 以上。
(2) 迴路濾波器的極點在虛軸，而零點在左半平面。

迴路濾波器極點在虛軸是希望在輸入信號頻帶產生極高的增益，來抑制頻帶內的雜訊。

【例 9.1】圖 9.5 為三階 Sigma-Delta 調變器的設計例[2]，三個積分器同時實現了前置及迴路濾波器，其轉移函數分別為

$$F = \frac{1.428 \times 10^{10}}{s^2 + 2.357 \times 10^5 s + 2.857 \times 10^{10}}, \quad W = \frac{5.8 \times 10^5 (s^2 + 2.357 \times 10^5 s + 2.857 \times 10^{10})}{s^3}$$

---

[2]S. H. Yu and J. S. Hu, "Stability and performance of single-bit sigma-delta modulators operated in quasi-sliding mode," *Circuits Systems Signal Processing*, pp. 571-590, vol. 25, no. 5, 2006.

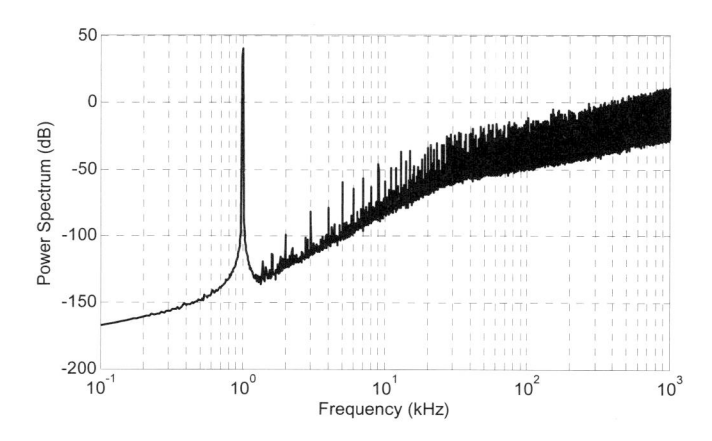

圖 9.6 例 9.1 所設計的調變器經模擬所得到的輸出頻譜圖(測試輸入為 1kHz 弦波)。

前置濾波器 F 的截止頻率約為 20kHz。迴路濾波器 W 滿足上述 (1)與(2)條件，分母次數高分子 1 次，三個極點都在原點，二個零點在左半平面，與 F 極點在相同位置。三個在 0 的極點使迴路濾波器在低頻有極高增益，比起單一積分器有更好的低頻雜訊抑制能力。圖 9.6 顯示當輸入為 1kHz 弦波，調變器經模擬得到的脈波寬度調變輸出信號的功率頻譜圖。可以發現在 20kHz 音頻內，有明顯的 1kHz 能量，低頻雜訊被抑制，大部分切換雜訊皆分布在高頻。因為將雜訊推向高頻的特性，只要將調變器的一位元輸出信號通過低通濾波器，即可還原出弦波信號。□

9.3 功率電晶體的切換控制

D 類放大器需要可以高速切換、低導通阻值、能承受高電流的功率電晶體(Power Transistor)來驅動低阻抗的喇叭。過慢的切換頻率會直接影響放大器頻寬及信號品質，因此一般選用較適合高頻切換 MOSFET 電晶體。MOSFET 切換頻率很容易可高達 MHz 等級，而 BJT 功率電晶體因為少數載子儲存時間較長，切換速率受限，一般切換頻率在百 kHz 以下。

調變器將音源信號轉換成一位元的切換信號，但我們不能直接將調變器的輸出接功率電晶體的閘極。原因是：1)調變器輸出不足以對電晶體的閘極電容快速充放電，影響切換速度。2)用同一信號作圖 9.1 兩電晶體 PMOS 及 NMOS 的切換，會造成切換時有一短暫時間，上下兩電晶體同時導通，造成電源的短路，引發切換瞬間的大電流突波，而破壞電晶體。因此為了快速並安全的切換 MOSFET 功率電晶體，我們需要將切換動作錯開，使兩電晶體遵循『先關後開』的原則，避免上下兩電晶體在切換瞬間有短暫的同時導通，造成非常大的瞬間短路電流。我們一般稱此錯開時間為怠滯時間(Dead Time)。另外還需要 MOSFET 閘極驅動器(Gate Driver)加速切換動作。低輸出

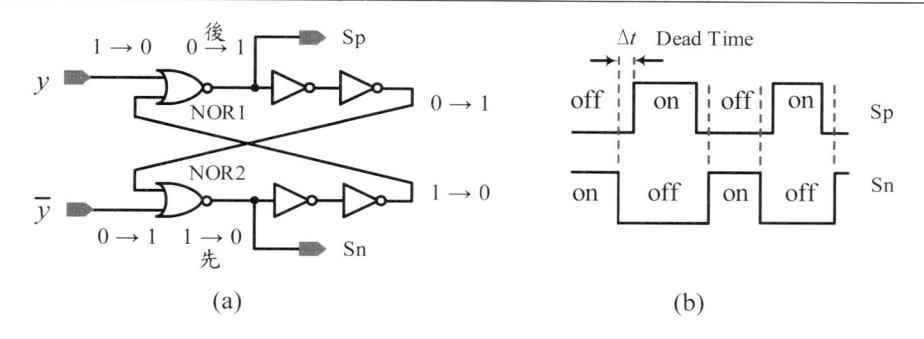

圖 9.7 非重疊切換控制：(a)電路；(b)時序圖。怠滯時間 △t 為三個邏輯閘的傳輸延遲時間。

阻抗的 MOSFET 閘極驅動器，可對 MOSFET 電晶體的閘極寄生電容作快速的充放電，快速改變閘極電壓，以達到快速切換 MOSFET 功率電晶體的目的。

圖 9.7 顯示常見的非重疊切換電路(Non-overlapped circuit)，目的將調變信號轉成兩個錯開切換時間的上下臂電晶體切換命令信號。此電路由互鎖電路組成，在交叉互鎖的路徑中加入額外的邏輯閘，製造傳輸延遲來產生怠滯時間。由圖中例子可觀察，假設初始的輸入為高準位 1，輸出一為低準位 0，輸出二為高準位 1。當輸入由高準位轉低準位，NOR2 邏輯閘的輸出很快就由高準位轉低準位，NOR1 邏輯閘則須等待兩個輸入都轉變成低準位後，其輸出才會由低準位轉高準位。NOR1 及 NOR2 的輸出切換時間，相差了三個邏輯閘的切換傳輸延遲時間，假設高準位代表電晶體導通，低準位代表電晶體關閉，則產生切換命令保證先關後開。使上臂與下臂電晶體不會同時導通，怠滯時間 Δt 為三個邏輯閘的傳輸時間，約為 30~60ns，使電晶體有足夠的時間，一個電晶體完全關閉後另一個電晶體才會導通。藉由改變邏輯閘的數目可以改變怠滯時間 Δt，實際所需的怠滯時間需視所選用的功率電晶體的切換速度而定。

MOSFET 功率電晶體的閘極驅動 IC 的選擇，需考慮所需的切換速度及驅動電流大小，為簡化分析，將閘極驅動器視為正負切換的定電流源，假設 MOSFET 的閘極輸入寄生電容為 C_{ISS}，為快速切換電晶體，在 Δt 之內對 C_{ISS} 充放電而改變閘極電壓 ΔV，所需的充放電電流為

$$I = C_{ISS} \frac{\Delta V}{\Delta t} \tag{9-7}$$

或以 MOSFET 功率電晶體的規格書常見的閘極充放電電荷來表示，假設在閘極切換電壓 ΔV 下所需的充放電電荷為 Q_G，則所需的充放電電流也可表示為

$$I = \frac{Q_G}{\Delta t} \tag{9-8}$$

Q_G 越大，所需驅動電流越大。可依照此電流需求選擇適當的閘極驅動 IC。

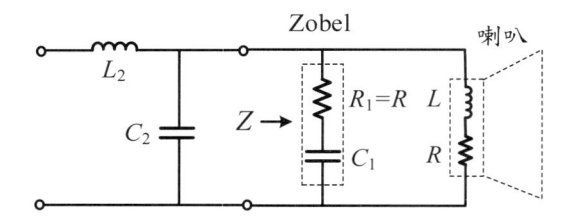

圖 9.8 串聯電阻電容所形成的 Zobel 電路。選擇電阻值 $R_1=R$ 相同，電容值 $C_1=L/R^2$，與喇叭並聯後使等效阻抗在所有頻率看起來都像是 $Z=R$。

MOSFET 功率電晶體的選擇需考慮耐壓、耐流、導通阻值及寄生電容大小。為了有足夠的安全裕度，一般選擇耐壓為切換電壓的 1.5~2 倍以上，同樣的耐流為最大電流的 1.5~2 倍以上。導通阻值越小則導通損失越小。另外，MOSFET 電晶體有三個寄生電容，分別為閘極輸入所看到的寄生電容 C_{ISS}、汲極輸出所看到的寄生電容 C_{OSS}、汲極與閘極的耦合電容 C_{RSS}。C_{ISS} 越小，越容易驅動。C_{OSS} 越小，切換損失越小，切換的振鈴雜訊也會越小。耦合電容 C_{RSS} 越小，則代表著較不容易將汲極的高頻切換振鈴雜訊耦合到閘極，進而造成閘極切換命令的錯亂，產生開關動作的不確實。

9.4 輸出濾波器與阻抗補償電路

D 類放大器的功率電晶體輸出與喇叭單體間，可如圖 9.8 接上 LC 低通濾波器及喇叭阻抗補償電路。電感及電容形成低通濾波器，負責濾除高頻切換諧波與雜訊，減少電磁干擾，另外還可以避免高頻諧波通過喇叭所造成額外能量損失與高頻失真。LC 濾波器容易在高阻抗負載下，容易產生電感電容諧振現象，造成諧振頻率附近信號的放大。為避免此現象，可如圖 9.8 連接電阻及電容所組成的阻抗補償電路，此簡單阻抗補償電路稱為 Zobel Network，是為了抵銷喇叭線圈的電感效應，使喇叭的阻抗在各頻率看起來都像固定值的電阻，也因為如此，Zobel Network 也就叫做阻抗等化器 (Impedance Equalizer)。目的是避免 LC 濾波器在喇叭電感性阻抗負載下，因為欠缺阻尼，產生明顯的 LC 諧振，影響其濾波能力。

假設 Zobel 電路的電阻值選擇與喇叭電阻值相同 $R_1=R$，Zobel 電路與喇叭線圈合起來的阻抗為 Z，則希望 Z 在全頻帶皆有如一個純電阻 R。電路原理很簡單：低頻時電感近似短路，喇叭阻抗約為 R，而電容近似開路，所以 $Z \approx R$；高頻時電感近似開路而電容近似短路，合起來阻抗 Z 還是約等於 R，使得阻抗為定值，不受頻率影響。詳細數學分析如下

$$Z(s) = \frac{Z_1 Z_2}{Z_1 + Z_2} = \frac{(Ls+R)(R+\frac{1}{C_1 s})}{(Ls+R)+(R+\frac{1}{C_1 s})} = R\frac{LC_1 s^2 + (\frac{L}{RC_1}+R)C_1 s + 1}{LC_1 s^2 + 2RC_1 s + 1} \tag{9-9}$$

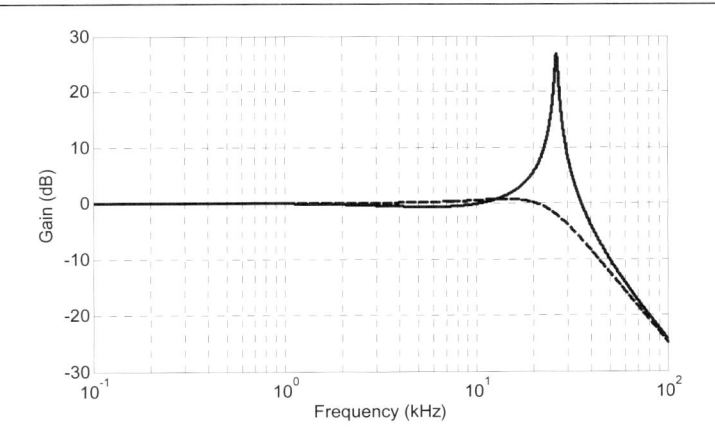

圖 9.9 LC 濾波加喇叭負載的頻率響應（$L_2 = 45$ μH、$C_2 = 1$ μF、喇叭線圈 6Ω+185μH）：無 Zobel 電路為實線；有 Zobel 電路為虛線。

希望 $Z \approx R$，此電容需選擇無極性的薄膜電容，電容值的選擇為

$$C_1 = L / R^2 \tag{9-10}$$

接著分析濾波器，LC 電路連接經過 Zobel 補償的喇叭線圈，有如連接單純的電阻 R，形成 LCR 低通濾波器。濾波器對高頻信號有雙重的衰減效果，電感阻絕高頻信號，電容又進一步將高頻信號短路到地。但濾波器的濾波能力與負載阻抗有很大關係，LCR 形成二階低通轉移函數

$$T(s) = \frac{\frac{1}{L_2 C_2}}{s^2 + \frac{1}{RC_2}s + \frac{1}{L_2 C_2}} \equiv \frac{\omega_n^2}{s^2 + \frac{\omega_n}{Q}s + \omega_n^2} \tag{9-11}$$

當負載阻值 R 越大，轉移函數分母的一次項係數越小，極點越接近虛軸，電路的阻尼越小，越容易持續振盪。根據定義，阻尼係數越小大小 ξ 反比於品質因數 Q (Quality Factor)。

$$Q = \frac{1}{2\xi} = R\sqrt{\frac{C_2}{L_2}} \tag{9-12}$$

換句話說，負載阻值 R 越大，品質因數 Q 越高，阻尼係數 ξ 越低，LC 諧振越明顯。我們可以約略估算濾波器的截止頻率，截止頻率會接近但略小於電路的無阻尼時的振盪頻率 ω_n。對照標準式，ω_n 等於電感電容的諧振頻率：

$$\omega_n = \frac{1}{\sqrt{L_2 C_2}} \tag{9-13}$$

【例 9.2】考慮圖 9.8 濾波電路，給定 LC 濾波器參數 $L_2 = 45\ \mu H$、$C_2 = 1\ \mu F$，及喇叭線圈阻值與感值參數 6Ω 與 185μH，比較有無 Zobel 阻抗補償電路時的頻率響應。若無 Zobel 電路，LC 濾波器直接連接喇叭，喇叭線圈的電感性使高頻阻抗變大，無足夠的阻尼消耗 LC 諧振能量，因而產生如圖 9.9 的明顯增益高峰。雖然如式(9-13)所示，選擇較大濾波電感值與較小電容值，可降低 Q 值，減小增益峰值，但往往需要選擇非常大的電感值，才會明顯效果。若喇叭並聯 Zobel RC 電路

$$R_1 = 6\ \Omega\ ;\ \ C_1 = 5\ \mu F$$

來抵銷喇叭的電感性阻抗，使 LC 濾波器看到一個單純的電阻性負載。則如圖顯示，頻率響應不再有諧振所產生的增益高峰。 □

【例9.3】（完整功率放大器設計） 圖9.10為完整的D類功率放大器電路。組成端為可調增益的非反相放大器，接著是例9.1所設計的三階回授調變器，調變器中的比較器AD8561可提供正反兩輸出，可直接作為互鎖電路的輸入，產生約45ns怠滯時間的上臂與下臂電晶體的開關命令，避免造成上下臂同時導通。TC4424閘極驅動器提供足夠的電流推動PMOS及NMOS功率電晶體，兩功率電晶體並聯蕭特基二極體1N5818來減少切換能量損失。特別注意，調變器並非回授比較器的輸出信號，而是以功率電晶體輸出信號作為回授信號。主要目的，是希望直接控制功率電晶體的輸出波形，修正因為怠滯時間或其他電路的非理想性所造成的失真或雜訊。功率電晶體輸出接電感電容低通濾波器，來濾除高頻切換雜訊，可有效降低電磁輻射干擾，濾波器的截止頻率約為20kHz。例9.2所設計的Zobel電路並聯喇叭，消除喇叭線圈的感值，避免LC濾波器的諧振。圖9.10顯示擴大機的頻率響應量測圖及功率頻譜圖。由增益曲線，可見截止頻率約為9kHz，在電吉他的頻寬內有平坦的增益。在1kHz、0.1V振幅的輸入信號下(輸入端放大器的增益為25)，量測喇叭的驅動電壓的功率頻譜。由圖可見，大部分高頻的切換雜訊已被LC低通濾波器濾除，在音頻範圍主要還是1kHz的成分，其他小部分能量則為雜訊及與輸入相關的整數倍頻諧波。量測音頻放大器線性度與雜訊的重要指標為總諧波失真與雜訊(Total Harmonic Distortion plus Noise, THD+N)，定義為

$$\text{THD+N} = \frac{\text{音頻內諧波與雜訊的均方根值}}{\text{基頻信號的均方根值}} \times 100\% \qquad (9\text{-}14)$$

以此設計例的D類放大器而言，音頻內的總諧波失真與雜訊約為輸出1kHz信號的0.6%。
□

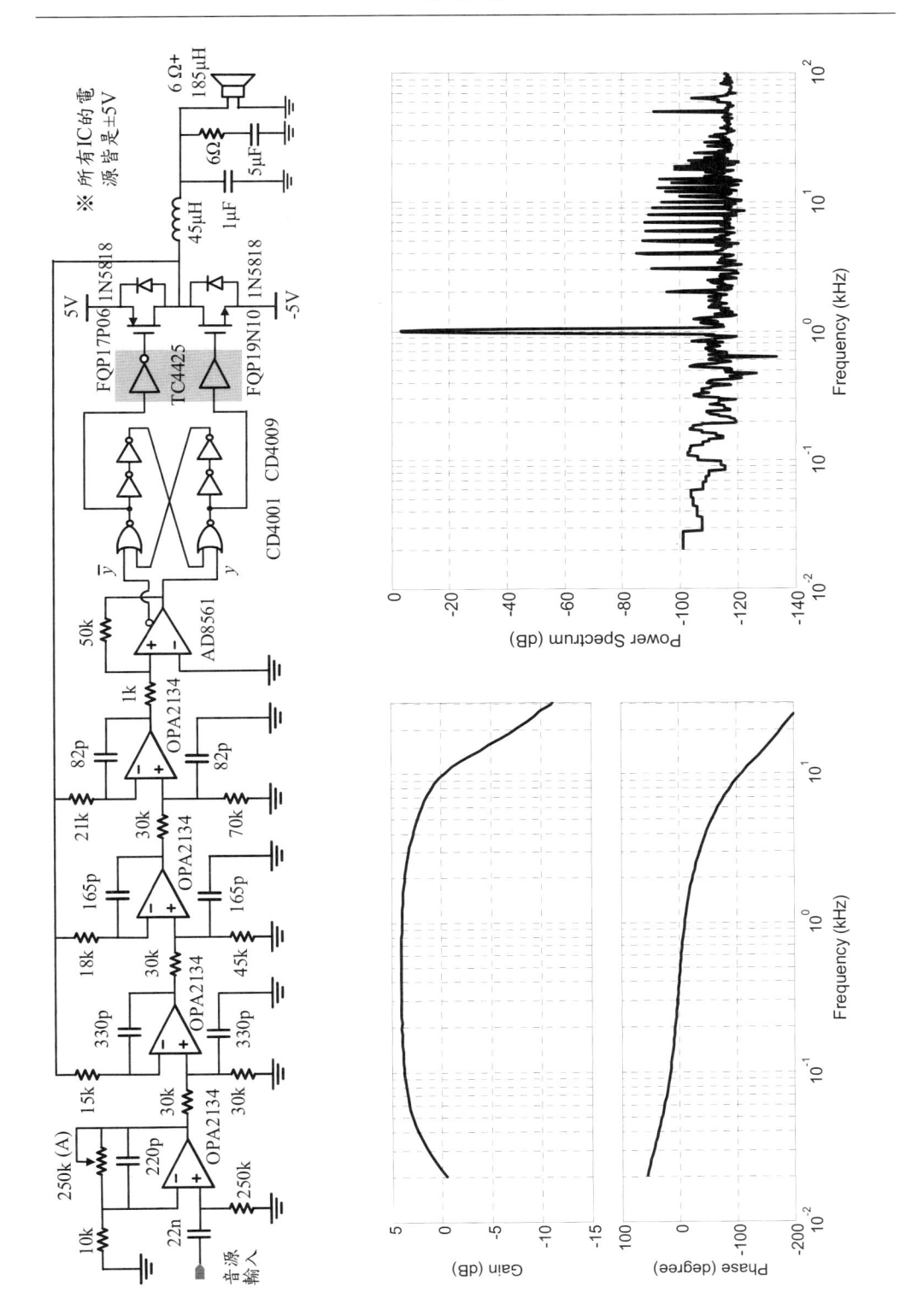

圖 9.10 完整的 D 類功率放大器電路，及其頻率響應與輸出功率頻譜量測圖

10

喇叭

電路學中電導（電阻倒數）的SI單位Siemens是以德國發明家西門子(Ernst Werner Siemens)命名，他是電機科技的先驅也是全球知名西門子公司的創立人，也可算是喇叭的發明人，在1874年，他提出了動圈換能器(Moving-coil transducer)專利，但僅陳述在磁場中將線圈通電使其運動的功能，尚未認知其電聲轉換的潛力。結果在兩年後1876年，29歲的貝爾(Alexander G. Bell)將此動圈換能器技術用於電話發明專利中，成為最早的喇叭。早期的喇叭多裝有號角（Horn）作為共鳴擴音，在1920年代開始出現無號角喇叭(Hornless loudspeaker)的設計雛型。此時期有多組研究人員在研究動圈式喇叭，最成功的是在紐約奇異公司研發實驗室的Chester W. Rice與Edward W. Kellogg。他們捨棄利用金屬號角來共振發聲提高音量的設計，專注於線圈及振膜的設計，並利用已逐漸發展成熟的真空管技術來驅動線圈提升音量。Rice與Kellogg在1921年五月研發出世界第一個含有真空管擴大機的主動喇叭。他們持續改善設計，並申請喇叭及擴大機專利，於1926年量產此種新型主動式揚聲器，售價為250美金，此新型喇叭具有比傳統號角喇叭更廣的音域及動態與更準確的聲音重現，立即吸引大家的注意。直到今日的我們看到的大部分喇叭依然採用Rice與Kellogg設計。

10.1 喇叭單體動作原理

圖 10.1 為今日常見的電磁式喇叭單體(Driver)的構造圖，底座含有磁鐵與鐵心，連接紙盆的中空紙筒套在中央鐵心，阻尼器作定位並限制紙筒相對於中央鐵心的最大軸向運動，線圈則纏繞在紙筒，線圈又常被稱為動圈(Moving coil)或音圈(Voice coil)，下上鐵心可以引導磁力線，在紙筒的徑向形成 N 到 S 的磁場，線圈通電在磁場中運動，帶動紙筒與紙盆，紙盆振膜推動空氣產生疏密波而發聲。整個設計包含了電、磁、機械與聲波的能量轉換。

將喇叭分成電路、電磁耦合及機械三部分。首先分析圖 10.2(a)的線圈電路，線圈包含電阻 R 與電感 L，輸入電壓 v_i 使線圈產生電流 i，而產生運動。e 則為線圈在磁場中運動所產生的反電動勢。線圈電路方程式為

$$v_i - e = L\frac{di}{dt} + Ri \tag{10-1}$$

令初始狀態為零，取拉氏轉換可得

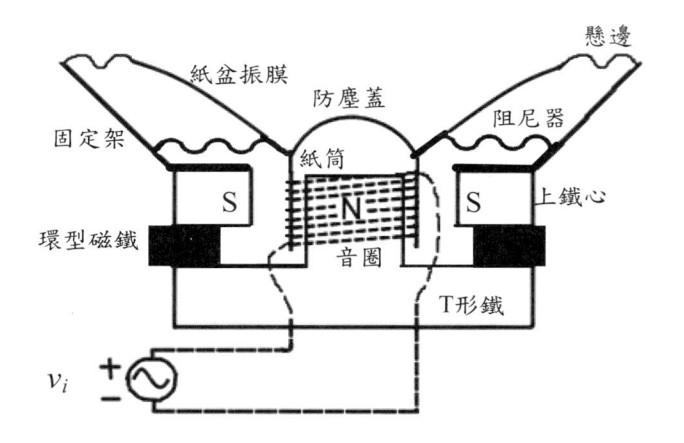

圖 10.1 喇叭單體結構

$$I = \frac{1}{Ls+R}(V_i - E) \tag{10-2}$$

I、V_i、E 分別為 i、v_i、e 的拉氏轉換。假設線圈導線總長為 ℓ，在磁通密度大小為 B 的磁場，通電後導線流過電流 i，會在導線上形成推動力 $F=B\ell i$。另外，導線在磁場中運動，速度 v，會在導線中產生感應電壓（反電動勢）$e=B\ell v$。

$$F = B\ell i \quad (電動機公式) \tag{10-3}$$

$$e = B\ell v \quad (發電機公式) \tag{10-4}$$

電磁耦合了電與機械運動兩部分動態。接下來考慮機械部分，圖 10.2(b) 顯示喇叭機械部分的紙盆與紙筒、懸邊彈簧及阻尼器模型，假設紙盆與紙筒及銅線總質量 m，懸邊彈力係數 k，阻尼係數為 b，驅動力 F 與速度 v 的關係式為

$$m\frac{dv}{dt} + bv + k\int_0^t v(\tau)d\tau = F \tag{10-5}$$

取拉氏轉換可得

$$\frac{V(s)}{F(s)} = \frac{s}{ms^2 + bs + k} \tag{10-6}$$

以上為一個帶通轉移函數，共振頻率 ω_0 及品質因數(Quality Factor)Q 值為

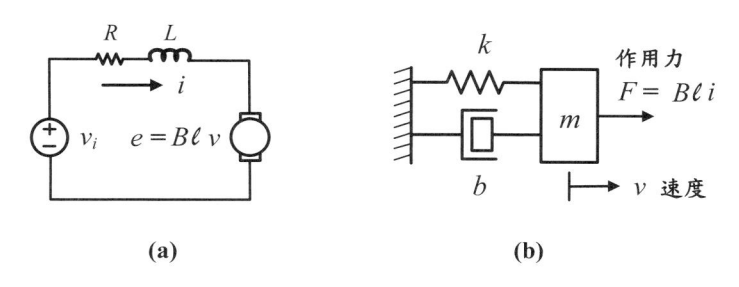

圖 10.2 喇叭單體動態模型：(a)電路部分；(b)機械部分

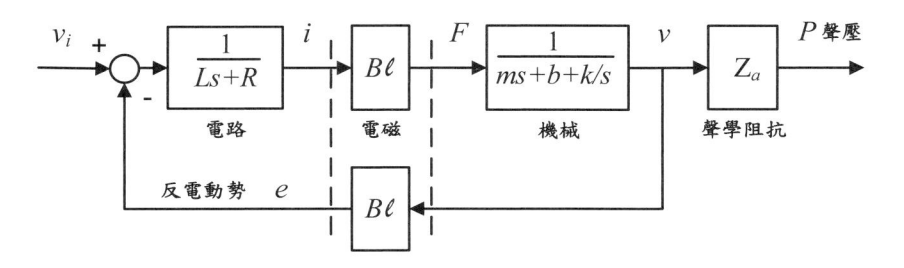

圖 10.3 喇叭單體數學模型方塊圖

$$\omega_0 = \sqrt{\frac{k}{m}}, \quad Q = \frac{\sqrt{km}}{b} \tag{10-7}$$

機械部分在共振頻率 ω_0 產生最大增益。欲觀察喇叭的共振，可以相同大小的驅動電流產生相同大小的力，並在喇叭紙盆撒些滑石粉，若改變驅動頻率，在共振頻率附近可觀察到滑石粉的劇烈跳動。一般喇叭單體越大，質量越重，共振頻率越低。振動速度透過一個轉移函數 Z_a，產生聲壓 $P = Z_a V$，一般我們會稱 Z_a 為聲學阻抗函數 (Acoustic Impedance)[1]。將各部分數學模型整理繪製成方塊圖 10.3。

觀察圖 10.3 方塊圖，在機械共振頻率，喇叭單體振動劇烈，可以很有效率的將電能轉換聲能。但劇烈的運動同時也代表了更大的反電動勢負回授，抵銷部分輸入電壓。也可以說磁耦合的反電動勢提供了額外的阻尼，磁場強度越強阻尼越強，但過大的磁力反而會使低頻響應過小，喇叭發出的聲音會越顯單薄。

10.2 喇叭阻抗

推導了喇叭的動態方程式後，我們想進一步了解如何量測喇叭的電氣與機械參

---

[1] J. P. Dalmont, "Acoustic impedance measurement. I. A review," *Journal of Sound and Vibration*, 243(3), pp. 427–439, 2001.

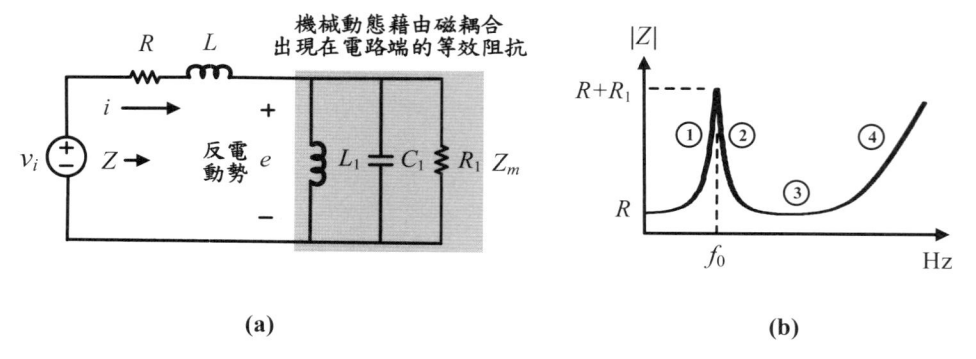

圖 10.4 喇叭阻抗 Z：(a)等效電路模型；(b)阻抗大小對頻率的曲線圖。在頻率零時，阻抗值為 R；隨頻率稍微增加，曲線①近似於 R 與 L 串聯的阻抗；在頻率 f_0 產生機械共振，阻抗峰值約等於 $R+R_1$；曲線②有如 R 與 C_1 串聯的阻抗；曲線③有如電阻 R；曲線④有如喇叭音圈的阻抗（R 與 L 串聯）。

數，作為喇叭單體選擇及音箱設計的依據。幸運的，我們不需要拆解喇叭，只需藉由量測喇叭在不同頻率的輸入阻抗變化，就可以估測出電氣與機械參數。

喇叭阻抗可由驅動電壓與電流得知。但為什麼從阻抗也可猜出喇叭機械部分參數？是因為機械動作會藉由磁耦合在喇叭線圈產生感應電動勢 e，因而也會影響不同頻率的阻抗值。圖10.4(a)顯示，可以用並聯LCR來等效機械動態，產生相同的反電動勢。等效原理如下：根據(10-3)及(10-4)，反電動勢所造成的等效阻抗 Z_m 與機械動態(10-6)為簡單比例關係。

$$Z_m(s) = \frac{E(s)}{I(s)} = (B\ell)^2 \frac{V(s)}{F(s)} = \frac{(B\ell)^2 s}{ms^2 + bs + k} = \frac{\frac{(B\ell)^2}{m} s}{s^2 + \frac{b}{m}s + \frac{k}{m}} \tag{10-8}$$

與圖 10.4(a) 中反電動勢端的並聯 LCR 阻抗做比較

$$Z_m(s) = \frac{E(s)}{I(s)} = \frac{\frac{1}{C_1} s}{s^2 + \frac{1}{R_1 C_1} s + \frac{1}{L_1 C_1}} \tag{10-9}$$

可得到並聯 LCR 與機械參數的對應關係

電容對應質量：$\quad C_1 = m/(B\ell)^2 \tag{10-10}$

電感對應彈簧：$\quad L_1 = (B\ell)^2/k \tag{10-11}$

電阻對應阻尼：$\quad R_1 = (B\ell)^2/b \tag{10-12}$

圖 10.4(b)為典型的喇叭輸入阻抗圖。概略分析如下，在頻率零時，電感短路，電容開路，輸入端僅看到電阻 R。頻率稍微增加，L_1 阻抗還是遠小於並聯的 R_1 與 C_1 阻抗，並聯後小阻抗主宰，因此並聯 LCR 阻抗約等於 L_1 阻抗。一般而言，電感值 L_1 遠大於 L，因此喇叭輸入阻抗曲線①近似於 R 與 L_1 串聯的阻抗。機械共振頻率為阻抗產生峰值的頻率：

$$f_0 = \frac{\omega_0}{2\pi} = \frac{1}{2\pi\sqrt{L_1 C_1}} \quad \text{Hz} \tag{10-13}$$

在共振頻率 f_0，L_1 與 C_1 產生共振，並聯 L_1 與 C_1 在此頻率有如開路，並且因為 L 阻抗在這麼低頻還很小，可以忽略，因此共振峰值的阻抗約為 $R+R_1$。隨頻率增加，電容 C_1 阻抗變得遠比 L_1 與 R_1 小，曲線②有如 R 與 C_1 串聯的阻抗。隨著頻率繼續增加，C_1 阻抗小到可以忽略，阻抗曲線③有如電阻 R。頻率再繼續增加，L 的阻抗已經無法忽略了，阻抗曲線④有如單純喇叭音圈的阻抗(R 與 L 串聯)，但由於喇叭音圈周圍都是鐵心，高頻電流會在鐵心感應電流造成能量損失，此感應電流一般稱為渦電流(Eddy current)。因此 L 在高頻表現得比較像是損耗較大的非理想電感，曲線④不會像理想電感產生每二倍頻 6dB 的上升阻抗，而比較會像是以每二倍頻 3~5dB 上升。

以上的分析，提供我們參數估測的依據。首先我們可以用阻抗分析儀(Impedance Analyzer)得出喇叭阻抗對頻率的曲線。若是沒有阻抗分析儀，則可以將喇叭與一個 10 歐姆精密電阻串聯，擴大機輸出不同頻率的 1 伏特弦波作測試；電阻跨壓除以 10 即為輸入電流 i，喇叭跨壓即為驅動電壓 v_i，電壓振幅除以電流振幅即為阻抗大小。有了阻抗的頻率曲線，我們可以很容易得到等效電路的估測參數。例如，三用電表量測喇叭的直流電阻值為 R，由圖 10.4(b)曲線①可估測出 L_1，峰值可估測出 R_1，曲線②可估測出 C_1，曲線④可得出 L。我們也可以得出機械共振頻率 f_0 與品質因數 Q。機械共振頻率對應阻抗產生峰值的頻率，品質因數 Q 則為共振頻率除以頻寬，比較(10-9)與標準帶通轉移函數係數的物理意義(5-2)及(5-4)，可得品質因數 Q 的等效電路參數表示式

$$Q = R_1\sqrt{\frac{C_1}{L_1}} \tag{10-14}$$

10.3 音箱

喇叭振膜推動前後空氣產生聲波，振膜前後的聲波相位相反，容易產生疊加而抵消，尤其是波長較長的低頻聲音更是如此。所以未裝箱的喇叭很難發出低頻的聲音，解決的方法是將喇叭裝箱，隔絕喇叭振膜背面的反相聲波。

圖 10.5 為常見的四種設計：(1)開放式障板喇叭：最簡單的作法是將喇叭單體安裝在一大片木板上，如松木、樺木塑合板或纖維板。此木板阻隔前後聲波，一般稱為障板(Baffle)。由於低頻聲波的波長很長，例如 100 赫茲聲波波長約 3.4 公尺，要有效隔離低頻，需要很大障板，所以開放式的障板喇叭很占空間。特色是設計簡單，可搭配室內裝潢作設計，中高頻聲音清晰，但低音較少。(2)背板開放式喇叭：此音箱是障

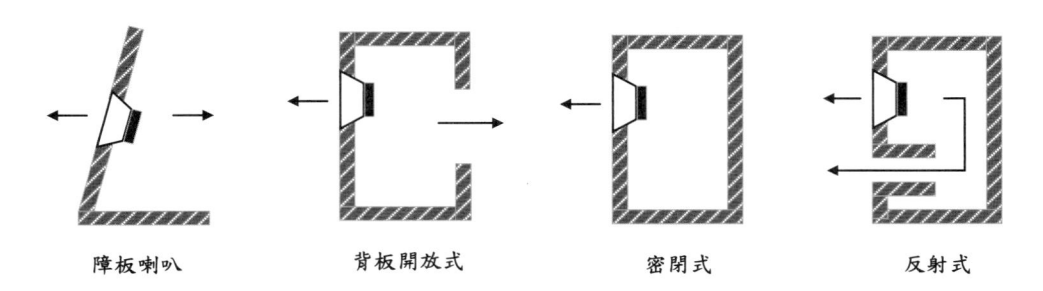

圖 10.5 常見的音箱型式

（障板喇叭、背板開放式、密閉式、反射式）

板喇叭的改良，已有音箱的外型，但背板作成半開放式，使聲音也能從背面出來，此種半開放式音箱喇叭，前後皆能發出聲音，效率佳，很容易產生較大音量，高音清晰有臨場感，但低頻較鬆散。**(3)密閉式喇叭**：密閉音箱的空氣有如彈簧作用於喇叭的振膜，會提升喇叭的彈力係數，有如裝上比較硬的彈簧，使喇叭共振頻率提高。密閉式喇叭指向性高，前面發聲，密閉音箱浪費掉部分聲能，所以音量較背板開放式小，低音與中音佳，高音則較暗淡。**(4)反射式喇叭**：將音箱開設一個回音孔，使低頻聲波在箱內傳播一定距離後反射送出，與喇叭前方的低頻聲波相位約相同，藉此提升喇叭的低頻響應。

　　密閉式喇叭大概是最常見的喇叭，值得做更詳細的分析。當密閉音箱小，空氣難以壓縮，有如接上很硬的彈簧，彈力係數 k 增大，代入(10-7)式可得共振頻率 ω_0 及 Q 值皆提高；密閉音箱大，空氣較容易壓縮，有如接上較軟的彈簧，彈力係數 k 小，共振頻率及 Q 值皆降低。當喇叭單體裝入不同密閉音箱會改變整體系統 Q 值，產生不同的共振效果。Q 值的大小會影響喇叭的聲音：Q 值太大，低頻共振頻率響應峯值大，阻尼性低，低音共振強且延盪時間長，易使聲音顯得混濁；Q 值太小，阻尼性高，低頻響應衰減大，造成低音疲軟無力。一般喇叭單體裝入密閉音箱，會在音箱中放入聚酯纖維棉或羊毛棉吸音，提升喇叭阻尼。喇叭單體可以發聲，也會收音產生感應電壓。低頻聲音容易在音箱內多次反射，又會回過頭推動單體紙盆振膜影響發聲，容易使得聲音變得混濁而遙遠。音箱裝入吸音棉可改善此現象，吸音填裝棉會增加喇叭阻尼，降低 Q 值並些微降低共振頻率。一般希望裝入音箱後整體 Q 值在 0.7 到 1.1 之間。

10.4　喇叭規格

　　喇叭常見規格為除了阻抗外，還有額定功率(Power Rating)、頻率響應範圍(Frequency Range) 及靈敏度(Sensitivity)，逐一說明如下。

　　額定功率：喇叭的額定功率一般是指喇叭可以承受的持續平均功率。喇叭可以承受的短暫的超額瞬間功率，但不建議長時間的超載工作。若是喇叭音箱有多個單體，則需特別注意高音單體的額定功率。高音單體較容易在擴大機過載飽和時損壞，因為長時間的破音，產生過多的高頻諧波，容易使高音單體的驅動功率超過額定值而造成損壞。一般會選擇功率放大器與喇叭有差不多大小的額定功率，若是喜歡大音量，使擴大機需要經常性的最大功率輸出，則建議選用兩倍額定功率的喇叭。

頻率響應：喇叭頻率響應為帶通響應，無法發出太低頻或太高頻的聲音。一般標示為頻帶某平坦增益的正負3dB範圍，例如50Hz~18kHz ± 3dB即代表喇叭的頻率響應在50赫茲到18千赫茲範圍，增益偏移不超過±3dB。一般電吉他喇叭多採用12吋單體，頻率響應多在80赫茲到5千赫茲的範圍。

靈敏度：喇叭的靈敏度定義為在一千赫茲的弦波輸入一瓦特功率給喇叭，距離一公尺處所量得的音壓大小。例如喇叭靈敏度為

$$S = 95\text{dB} @ 1 \text{ watt}/1 \text{ meter}$$

代表輸入一瓦特功率，距離喇叭一公尺可量得聲壓約95分貝。因此靈敏度越高，代表越容易以小功率的擴大機驅動產生較大的聲音。給定喇叭靈敏度S及驅動功率P，我們可以估算在一公尺處所產生的聲壓SPL：

$$\text{SPL} = S + 10\log_{10}(P) \quad \text{dB} \tag{10-15}$$

如 3.1 節介紹，喇叭驅動功率提高兩倍，所產生的聲壓能提高三分貝。

【**例10.1**】假設有兩組喇叭，靈敏度分別標示為85 dB及95 dB。若95 dB的喇叭以10瓦特驅動，85 dB的喇叭要以多少功率P驅動才能產生相同的音量？根據(10-15)式

$$95 + 10\log_{10}(10) = 85 + 10\log_{10}(P) \Rightarrow P = 100 \quad \text{W}$$

結論是靈敏度少 10 dB 的喇叭要以十倍的瓦數驅動才能產生相同音量。　　□

附錄 A

Matlab 程式

A.1
第三章【例 3.1】利用以下程式計算圖 3.4 電路的頻率響應並繪出波德圖

```
R=7e3;L=3;C=200e-12;R1=250e3;C1=22e-9;R2=250e3;
f=logspace(1,5,500);w=2*pi*f;s=j*w;
Z1=L*s+R;Z2=1./(s*C+1./(R1+1./(s*C1))+1/R2);
T=Z2./(Z1+Z2);
figure,subplot(211),semilogx(f,20*log10(abs(T)),'k','LineWidth',2),grid
subplot(212),semilogx(f,angle(T)/pi*180,'k','LineWidth',2),grid
```

A.2
第四章【例4.1】利用以下程式繪製圖4.6右的波德圖

```
%---------------Frequency-----------------%
f=logspace(1,4,1000);w=2*pi*f;s=j*w;
%----------Circuit Parameters----------%
n=10;R=1e3; Z5=2*R;C=33e-9; CC=22e-9;
%-------Bass Boost & Treble Cut------%
Z1=n*R; Z2=R+1./(1/n^2/R+s*n*C);
Z3=1./(s*CC)+1/(1/n/R+1/n^2/R);
Z4=1./(s*n*CC); Z12=1./(1./Z1+1./Z2);
Z34=1./(1./Z3+1./Z4); ZZ=1./(1./Z4+1./(Z5+Z12));
Z=1./(1./Z2+1./(Z5+Z34));
T1=Z34./(Z34+Z5).*Z./(Z+Z1)+ZZ./(Z3+ZZ);
%---------Bass Cut & Treble Boost---------%
Z1=n*R+1./(1./n^2/R+s*C);
Z2=R;  Z3=1./(s*CC);
Z4=1./(1./R+1./(n^2*R))+1./(s*n*CC);
Z12=1./(1./Z1+1./Z2); Z34=1./(1./Z3+1./Z4);
ZZ=1./(1./Z4+1./(Z5+Z12));
Z=1./(1./Z2+1./(Z5+Z34));
T2=Z34./(Z34+Z5).*Z./(Z+Z1)+ZZ./(Z3+ZZ);
%---------Bass Middle & Treble Middle-------%
Z1=n*R+1./(1./(n^2-n)/R+s*C);
Z2=R+1./(1/n/R+s*n*C);
Z3=1./(s*CC)+1/(1/n/R+1/(n^2-n)/R);
Z4=1./(1./R+1./(n*R))+1./(s*n*CC);
Z12=1./(1./Z1+1./Z2); Z34=1./(1./Z3+1./Z4);
ZZ=1./(1./Z4+1./(Z5+Z12));
Z=1./(1./Z2+1./(Z5+Z34));
T3=Z34./(Z34+Z5).*Z./(Z+Z1)+ZZ./(Z3+ZZ);
```

```
%-------------- Bode Diagram ----------------%
figure,subplot(211),semilogx(f,20*log10(abs(T1)),'k','LineWidth',2)
grid, hold,semilogx(f,20*log10(abs(T2)),'k--','LineWidth',2)
semilogx(f,20*log10(abs(T3)),'Color',[.7 .7 .7],'LineWidth',2.5)
ylabel('Gain (dB)','FontSize',13),set(gca,'FontSize',13)
subplot(212),semilogx(f,angle(T1)/pi*180,'k','LineWidth',2)
grid, hold,semilogx(f,angle(T2)/pi*180,'k--','LineWidth',2)
semilogx(f,angle(T3)/pi*180,'Color',[.7 .7 .7],'LineWidth',2.5)
xlabel('Frequency (Hz)','FontSize',13)
ylabel('Phase (degree)','FontSize',13), set(gca,'FontSize',13)
```

A.3
第七章【例 7.2】以下程式產生圖 7.6(a)的不對稱柔截波的輸入輸出特徵曲線

```
R1=5e3;R2=200e3;R3=15e3;VT=26e-3;Is=0.2e-9;
Vin=-0.2:0.0001:0.2;
Vout=zeros(size(Vin));
N=length(Vin);
X=zeros(2,1);
options=optimset('Display','off');
for k=1:N
  Vi=Vin(k);
  if Vi > 0
    MyFun1=@(X) [Vi*R2/R1-(X(1)-Vi)-R2*(X(1)-Vi-2*X(2))/R3;
          (X(1)-Vi-2*X(2))-R3*Is*(exp(X(2)/(2*VT))-1)];
    X=fsolve(MyFun1,[0;0],options);
    Vout(k)=X(1);
  else
    MyFun2=@(Vo) Vi*R2/R1-(Vo-Vi)+R2*Is*(exp((Vi-Vo)/(2*VT))-1);
    Vo=fsolve(MyFun2,0,options);
    Vout(k)=Vo;
  end
end
figure,plot(Vin,Vout,'k','LineWidth',3),grid
set(gca,'FontSize',12),xlabel('Vin (V)','FontSize',12)
ylabel('Vout (V)','FontSize',12)
```

附錄 B

麥克風

　　麥克風(Microphone)為轉換聲能為電能的換能器。常見的麥克風可分為**動態麥克風**(Dynamic Microphone)、**電容麥克風**(Condenser Microphone)及**微機電麥克風**(MEMS Microphone)三大類。

　　動態麥克風如同一個小型發電機，利用電磁感應原理收音：磁場中的導體受到音壓影響振動而產生感應電壓。動態麥克風的設計可分為動圈式(Moving Coil)與鋁帶式(Ribbon)兩種。動圈式麥克風的結構有如一個微型揚聲器，如圖 B.1(a)，線圈連接一個非常輕薄的塑膠振膜，磁鐵環繞線圈，當聲波帶動振膜在磁場中運動，使得線圈產生感應電壓。動圈式麥克風有非常耐用的機械構造，較笨重的振膜降低了對聲響的靈敏性，但可感測較高聲響的大幅度振動，失真度較低。一般共振頻率約在 2.5kHz 左右，雖然高頻響應不如其他種類麥克風，但蠻適合用來錄製近距離的擊鼓聲、人聲或電吉他音箱聲音。鋁帶麥克風同樣有一個永久磁鐵，不一樣的地方式將振膜和線圈結合在一起形成一條數微米厚、數公分長的鋁帶片。鋁帶片受聲波的影響在磁場中振動而產生感應電壓，鋁帶兩端連接內建的小型變壓器，作升壓輸出。由於鋁帶非常輕薄，對聲波的敏感程度較動圈式麥克風高，但比較脆弱。

　　電容式麥克風的基本構造如 B.1(b)，包含非常薄的金屬振膜或蒸鍍金屬薄膜的塑膠振膜，另外還有一個靠的非常近的固定導電背板。兩個導電板形成電容，當聲波使振膜運動會些許改變振膜與背板的距離，而改變電容值。電容式麥克風也分成兩種類型：外部極化式及駐極體式(Electret)。外部極化式電容式麥克風需要外部 48V 或 60V 的直流電源來對電容充電，使振膜與背板上有不同極性的電荷。而駐極體電容麥克風使用了可保有永久電荷的駐極體物質，因而不需再對麥克風電容充電，就可以保有固定的靜電荷。雖然不需要外部電源充電，但駐極體麥克風一般內建場效電晶體 FET 放大器，如圖 B.2，所以還是需要 3V 到 9V 的外部直流電源給電晶體。典型的放大電路如圖 B.2 所示，透過 4.7μF 電容耦合交流小信號，反相放大器提供 25 倍的增益以及約 23kHz 的低通濾波，若放大倍率不夠，可以再接一個反相放大器。早期駐極體電容麥克風品質較差，駐極體的電荷會隨著時間慢慢洩漏，但近年來，品質已大為改善，駐極體麥克風的壽命可達數十年。駐極體電容麥克風尺寸小，超輕振膜與堅固輕金屬外殼，收音靈敏，有非常寬廣的頻率響應與快速的暫態響應，所需電源電壓低，容易使用，目前是最普遍使用的麥克風。

　　微機電麥克風同樣是利用電容感測音壓，有類似電容式麥克風的結構，含有導電振膜及固定背板，聲波使振膜振動而改變電容大小的原理來感測聲音。不同的地方在

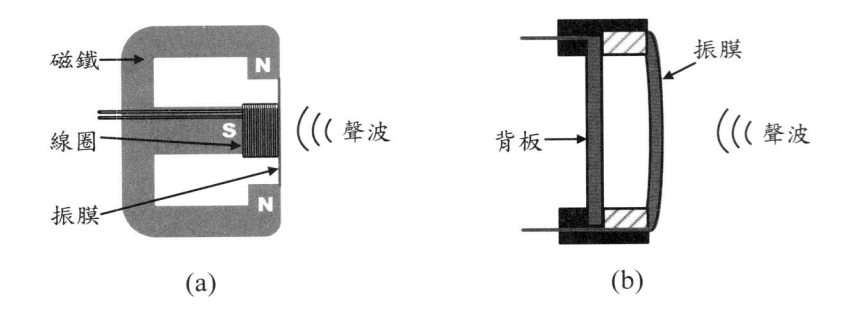

圖 B.1 常見麥克風的基本構造圖：(a)動圈式麥克風；(b)電容式麥克風。

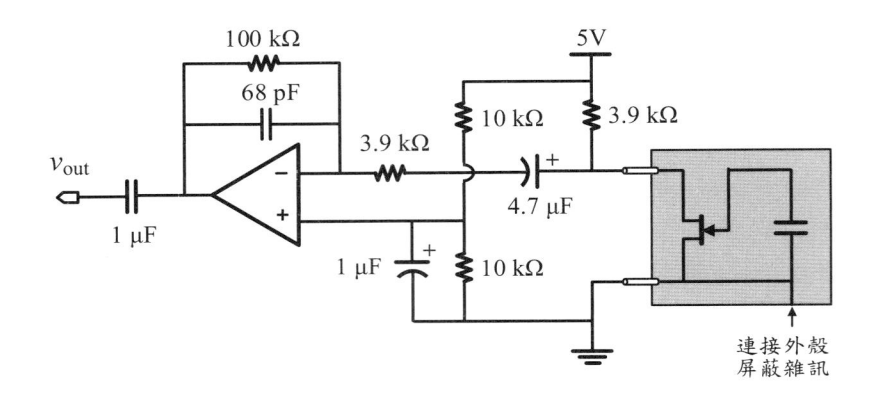

圖 B.2 駐極體電容麥克風的放大電路，與外殼短路的接腳需接地。

製程，微機電麥克風用半導體技術在矽晶圓進行蝕刻與建置來造出導電振膜與背板。優點是小型化，且很容易整合感測機械結構及電子電路於單一微小元件。一般微機電麥克風有三隻接腳：電源、信號輸出與地。由於內建放大器的關係，可避免外接放大電路接收到額外雜訊，可提升信號雜訊比。有些甚至利用脈波寬度調變，將類比信號轉換成一位元的數位輸出信號，有極高的雜訊抵抗能力，可直接輸入微控制器或 FPGA 等數位晶片，無需類比數位轉換器。近年來由於可攜式消費性電子的小型化需求，以及微機電麥克風有強於傳統電容麥克風三倍的耐震度，所需功率更是電容麥克風的 1/4 不到，使得微機電麥克風的市佔率有逐年提升的趨勢。

　　麥克風的靈敏度定義為單位聲壓下的輸出電壓。一般量測方法是首先產生聲壓大小為 1 帕(Pa)或是 94 分貝的 1 千赫茲聲音，然後量測麥克風的輸出均方根電壓(Vrms)，常見的單位為 dBV/Pa 或 mV/Pa。表 B.1 為幾個知名廠牌麥克風的比較。例如 Shure SM58 的靈敏度為-54.5dBV/Pa，則代表若感測 94 分貝 1 千赫茲聲壓，麥克風可輸出電壓

$$V_{out} = 10^{-54.5/20} = 0.0019 \text{ V} = 1.9 \text{ mV}$$

表 B.1 不同種類麥克風規格

麥克風	Shure SM58	Neumann KM 184	Audio-Technica AT2020	Akustica AKU340
類型	動圈式	電容式	駐極體電容式	微機電
頻寬	50Hz~15kHz	20Hz~20kHz	20Hz~20kHz	60Hz~12.5kHz
靈敏度	-54.5 dBV/Pa	-36.5 dBV/Pa	-37 dBV/Pa	-38 dBV/Pa

比較下，動圈式麥克風的靈敏度一般較其他種類麥克風低，微機電麥克風的敏感度已經可以做到跟電容式麥克風差不多了，但在頻寬表現上還是比電容式麥克風差。

附錄 C

電容的選擇

電容器的種類多樣，選用電容除了要注意電容值與耐壓外，還需注意不同種類電容的特性。以下為不同用途電路的電容選擇與注意事項。

1) **EMI 濾波電容**：市電濾波一般使用 X 及 Y 兩種安規電容。X 電容接在線到線（火線與中性線）之間，濾除低頻差模雜訊，電容值約在 1μF~10μF 範圍，使用耐高壓脈衝的聚丙烯薄膜電容，高頻特性好，有非常低的電阻性損失（損耗因數 tanδ<0.001）避免發熱，具自癒性安全性高。Y 電容接在線到地間，濾除高頻差模雜訊，電容值約在 1nF~1μF 範圍，可使用聚丙烯薄膜電容或較便宜的高壓陶瓷電容(低壓陶瓷電容為土黃色，高壓陶瓷電容為藍色)。陶瓷電容特性較差，損耗因數約 tanδ<0.05，且陶瓷電容比較有安全的疑慮，損壞時易造成短路，X 電容短路易造成火災，Y 電容短路使火線短路到機殼會有觸電的危險。

2) **電源濾波電容**：使用大容量有極性的電解電容，並聯高頻特性良好的高介電常數陶瓷電容。電解電容器損壞為開路。常規型的電解電容器陰極使用的是電解液（鋁質電解電容）或固態的二氧化錳（鉭質電解電容），如果把它們用導電性聚合物(Polymer)替代的話，能夠降低等效串聯電阻值(ESR)，能夠使溫度特性穩定，更加提高了安全性，並且延長使用壽命。額定電壓選擇 2 到 3 倍的實際電壓。

3) **IC 旁路電容**：需高頻特性好、足夠電容量、小型電容。一般常使用積層或碟型陶瓷電容或鉭質電容。注意 X7R 或 X5R 或 Y5V 陶瓷電容的有效電容值會隨著直流電壓升高而降低，因此為維持有效電容值，應盡量選額定電壓為實際電壓的 3 倍；另外 X7R 或 X5R 或 Y5V 陶瓷電容有壓電效應，會因振動而產生感應雜訊。鉭質電容對於湧浪電流(Surge current)的耐受性較低，因此不適合用於電晶體切換驅動線圈（繼電器線圈、直流馬達、喇叭）的旁路電容，瞬間導通或關閉所造成的高電流電容充放電，易損壞電容而變成短路；同樣的可採取提高額度電壓(Voltage derating)策略，選擇較大耐壓的鉭質電容可減少湧浪電流所造成的損壞。

4) **控制器或濾波器或積分器電容**：使用 NP0 陶瓷電容或薄膜電容，變動溫度或電壓下電容值保持恆定，線性度及穩定性高。優良的薄膜電容例如金屬化聚苯乙烯薄膜電容(MKS)或金屬化聚丙烯薄膜電容(MKP)都是不錯的選擇。薄膜電容在焊接時不可過熱。

5) **音質控制或 Zobel 電路或信號耦合電容**：一般使用薄膜電容，損耗因數小，線性度佳。可以採用德國 WIMA 的 MKS 或 MKP 薄膜電容，或是採用英國 Mullard 公

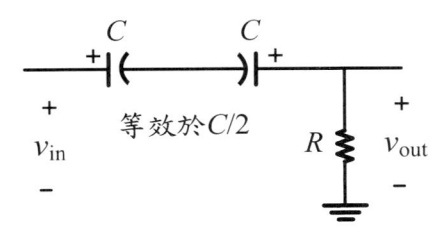

```
       C        C
   +──┤├──────┤├──┬──────
   +   等效於C/2   │    +
  v_in           R≷   v_out
   -              │    -
   ───────────────┴──────
                  ⏚
```

圖 C.1 兩極性電容反向串接當作單一耦合電容，藉此降低極性電容交流特性不對稱所造成的信號失真。缺點是電容值減半，電容內部等效串聯阻值 ESR 增倍。

司的熱帶魚聚酯薄膜電容，或是美國 Cornell Dubilier (CDE)公司的橘滴(Orange Drop)聚丙烯薄膜電容，這些都是熱門優良的音響電容。在某些電路，需要用大容值的耦合電容，又害怕大容量極性電容的交流特性不對稱造成信號失真。這種情形下可如圖 C.1，將兩電解質電容反向串接當作耦合電容，或直接選用無極性電解電容(內部結構亦為兩電解質電容反向串聯)，可大幅降低失真。

附錄 D

轉移函數與頻率響應

轉移函數(Transfer Function)是線性電路或其他線性系統獨有的概念，是用來表示單一輸入對輸出的影響。轉移函數可由電路的微分方程式經拉氏轉換(Laplace Transform)獲得。以第二章的拾音器等效電路微分方程式(2.4)為例，要獲得輸入 e 到輸出 v_o 的轉移函數，首先需令初始電壓電流皆為零，在此條件下，時間函數經拉氏轉換變成以 s 為變數的函數；微分經過拉氏轉換變成乘上變數 s，二次微分則變成乘上兩個 s，如下

時域(以時間 t 為變數)：
$$L\frac{d^2v_o(t)}{dt^2} + R\frac{dv_o(t)}{dt} + \frac{1}{C}v_o(t) = \frac{1}{C}e(t)$$

拉氏轉換
(初始狀態為零)

複數域(以複數頻率 s 為變數)：
$$Ls^2V_o(s) + RsV_o(s) + \frac{1}{C}V_o(s) = \frac{1}{C}E(s)$$

經過移項整理一下，我們可以得到輸出函數 $V_o(s)$ 與輸入函數 $E(s)$ 的比值，並定義為轉移函數 $T(s)$：

$$T(s) \equiv \frac{V_o(s)}{E(s)} = \frac{\frac{1}{sC}}{R + Ls + \frac{1}{sC}} = \frac{1}{LCs^2 + RCs + 1}$$

若我們關心的是電路元件的跨壓與流過的電流，並定義電流為輸入，電壓為輸出，則所得到的轉移函數稱為**阻抗函數**(Impedance Function)，$Z(s)=V(s)/I(s)$。常見的電感、電容與電阻的阻抗函數分別為

電感阻抗：sL; 電容阻抗：$1/(sC)$; 電阻阻抗：R

$$L\frac{d^2 v_o}{dt^2} + R\frac{dv_o}{dt} + \frac{1}{C}v_o = \frac{1}{C}e(t)$$

$$\frac{V_o(s)}{E(s)} = \frac{Z_2}{Z_1 + Z_2} = \frac{1}{LCs^2 + RCs + 1}$$

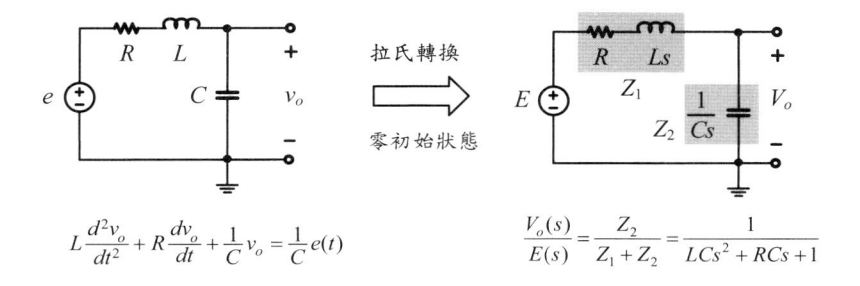

圖 D.1 時域與複數域的電磁拾音器等效電路模型。

知道了這些基本元件的阻抗函數，我們可以很容易的直接推導出電路的轉移函數，而不用先得出電路的微分方程式，在藉由拉氏轉換得出轉移函數。例如圖 D.1 的電吉他電磁拾音器的等效電路，可以直接標示出各元件的阻抗函數得出右邊的複數域電路表示圖。利用分壓定律可以直接得出輸入 E 到輸出 V_o 的轉移函數：

$$T(s) = \frac{V_o(s)}{E(s)} = \frac{Z_2}{Z_1 + Z_2} = \frac{1/(Cs)}{Ls + R + 1/(Cs)} = \frac{1}{LCs^2 + RCs + 1}$$

頻率響應(Frequency Response)是另一個線性系統的特性，對於一個穩定的線性電路，若是輸入弦波，給予足夠的時間，等電路輸出波型穩定後，會發現輸出也會是相同頻率的弦波，僅會與輸入有振幅及相位角的差異，如圖 D.2。頻率響應為量測不同輸入頻率的穩態反應，紀錄增益(輸出振幅與輸入振幅的比)及相位移(輸出相位減輸入相位)。

線性系統的頻率響應可以很容易的從轉移函數推導出來。將轉移函數的變數 s 換成 $j\omega$ 即可得到頻率響應函數

$$T(s)\big|_{s=j\omega} = T(j\omega) = a(\omega) + jb(\omega)$$

頻率響應函數為複數函數：實部為 a，虛部為 b，皆為頻率 ω 的函數。給定頻率 ω，頻率響應函數為一個複數值，如圖 D.2 所示，複數的大小為線性系統對此輸入頻率信號的增益；複數向量相對實軸的角度則是輸出相位移。

$$\begin{cases} \text{增益} A = |T(j\omega)| = \sqrt{a^2 + b^2} \\ \text{相位移} \theta = \angle T(j\omega) = \tan^{-1}(b/a) \end{cases}$$

將增益與相位移分別對頻率作圖，可得頻率響應圖或稱**波德圖**(Bode Diagram)。

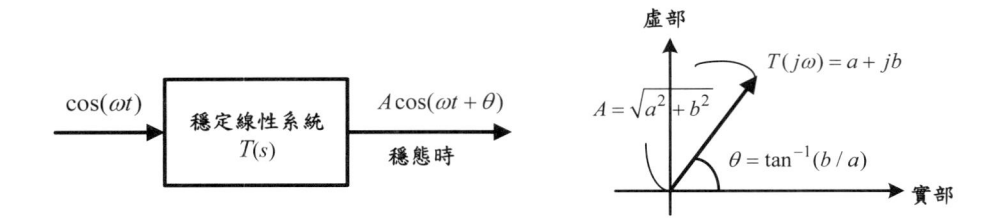

圖 D.2 穩定的線性系統，給與弦波輸入，穩態時，會輸出相同頻率的弦波，輸出振幅的放大倍率與相位角差異，剛好會分別等於頻率響應函數 $T(j\omega)$ 的大小及角度。

索引

A

Acoustic Impedance	聲學阻抗	111
All-Pass Filter	全通濾波器	58-60
American Wire Gauge	美國標準線徑規格	19

B

Baffle	障板	113
Bandpass Filter	帶通濾波器	51-55, 73-75
Baxandall Tone Control	巴森道爾音質控制	35-42
Bode Diagram	波德圖	20, 39-49, 124
Bridge	琴橋	2, 29
Buffer	電壓隨耦器	47, 65

C

Choke Coil	扼流線圈	17
Chord	和弦	6
Class-A Amplifer	A 類放大器	80-92
Class-D Power Amplifier	D 類功率放大器	97-107
Comb Filter	梳狀濾波器	57, 58, 60
Condenser Microphone	電容麥克風	119
Conduction Loss	導通損失	97
Cutoff Frequency	截止頻率	51

D

Distortion	失真	67
Driver	喇叭單體	109, 110
Dual-Unit Potentiometer	雙連電位器	42
Dynamic Microphone	動態麥克風	119

E

Eddy current	渦電流	113
Electromagnetic Induction	電磁感應原理	13
Equalizer, EQ	等化器	35, 42-49

F

Faraday's Law	法拉第定理	15
Fasel Inductor	法賽爾電感	53
Filament	燈絲	77, 78, 94
Film Capacitor	薄膜電容	28
Five-Way Lever Switch	五段切換開關	30, 32
Fleming Valve	弗萊明閥	78
Fret	琴衍	1
Frequency Range	頻率響應範圍	114
Fuzz	模糊	67

G

Graphic Equalizer	圖示等化器	45

H

Hard Clipping	硬截波	69, 70, 75, 84
Harmonics	諧波	6
Harmonic Distortion	諧波失真	67, 68
Humbucker	雙線圈拾音器	17, 18

I

Impedance Equalizer	阻抗等化器	104
Infinite-Gain Multiple-Feedback, IGMF	無窮增益多迴授	53-55
Intermodulation Distortion	互調失真	67, 68

J

JFET	接合型場效電晶體	61, 62

L

Lap Steel Guitar	鋼棒吉他	14
Lenz's Law	冷次定律	15

M

Major Triads	大三和弦	6
Masking Effect	遮罩效應	75

MEMS Microphone	微機電麥克風	119
Miller Effect	米勒效應	52, 83
Moving coil	喇叭動圈	109

N

Neck	琴頸	2, 29
Non-Overlapped Circuit	非重疊切換電路	103

O

Overdrive	過載	67
Overtones	泛音	6

P

Pentatonic Scale	五聲音階	9
Pentode	五極管	77, 87-92
Perveance	導流係數	78
Phasor	相位移效果器	57-65
Pickup	拾音器	1
Potentiometer	電位器	24
Power Chord	強力和弦	68
Power Rating	額定功率	114
Pulse Width Modulation, PWM	脈波寬度調變	98-102

Q

Quality Factor	品質因數	46, 105, 110, 113, 114

R

Relaxation Oscillator	弛緩振盪器	62-64

S

Schmitt Trigger	史密特觸發器	62-64
Screen Grid	簾柵	87, 88
Secondary Emission	二次放射效應	87
Sensitivity	靈敏度	114
Sigma-Delta Modulator	積分微分調變器	100
Single Coil	單線圈	17-20
Soft Clipping	柔截波	69-75, 84

Sound Pressure Level	聲壓	23
Standing Wave	駐波	6
Suppressor Grid	抑制柵	87
Switching Loss	切換損失	97

T

Tetrode	四極管	77, 87
Thevenin Equivalent Circuit	戴維寧等效電路	39
Thermionic Emission	熱電子發射	77, 78
Tone Control	音質控制	25-28, 35-42
Total Harmonic Distortion plus Noise	總諧波失真與雜訊	106
Transducer	換能器	13
Transconductance	轉導	80, 85, 89
Transfer Function	轉移函數	20, 26, 36, 38, 41, 45, 51, 101, 105, 110
Triode	三極管	77-87
Twelve Tone Equal Temperament	十二平均律	1, 4, 8, 11

V

Vacuum Tube	真空管	77-94
Voice coil	喇叭音圈	109
Voltage-Controlled Resistor	壓控電阻	60, 61
Volume Control	音量控制	23-25

W

Wah-Wah Effect	哇哇效果	51-55
Wien-Bridge Oscillator	韋恩電橋震盪器	72, 73

Z

Zobel Network	阻抗補償電路	104-106